10kV 及以下配电网工程项目部标准化管理

监理项目部

国网山东省电力公司　编

中国电力出版社
CHINA ELECTRIC POWER PRESS

内容提要

国网山东省电力公司为总结配电网工程业主、监理、施工三个项目部标准化管理工作经验，依据国家现行法律法规，以及国家、行业、公司规程规范，以国家电网有限公司 10kV 及以下配电网工程管理通用制度中对三个项目部的管理要求为基础编制本丛书。

本丛书分别从项目部设置、项目管理、安全管理、质量管理、造价管理及技术管理等方面进行描述，内容简单实用、工作流程易于操作。同时，附录部分收录了业主、监理、施工项目部常用的标准化模板和相关专业管理依据。

本丛书可供 10kV 及以下配电网工程业主、监理、施工项目部工作及管理人员学习使用。

图书在版编目（CIP）数据

10kV 及以下配电网工程项目部标准化管理．监理项目部 / 国网山东省电力公司编．—北京：中国电力出版社，2019.3

ISBN 978-7-5198-0427-5

Ⅰ．①1…　Ⅱ．①国…　Ⅲ．①配电系统－电力工程－监理工作－标准化管理－中国　Ⅳ．①TM7

中国版本图书馆 CIP 数据核字（2019）第 031052 号

出版发行：中国电力出版社
地　　址：北京市东城区北京站西街 19 号（邮政编码 100005）
网　　址：http：//www.cepp.sgcc.com.cn
责任编辑：肖　敏（010-63412363）
责任校对：黄　蓓　郝军燕
装帧设计：赵丽媛　郝晓燕
责任印制：石　雷

印　　刷：三河市万龙印装有限公司
版　　次：2019 年 3 月第一版
印　　次：2019 年 3 月北京第一次印刷
开　　本：787 毫米 ×1092 毫米　16 开本
印　　张：5.75
字　　数：140 千字
印　　数：0001—3500 册
定　　价：34.00 元

编委会

编制说明

为规范 10kV 及以下配电网工程建设管理行为，统一监理项目部管理工作模式，提升配电网工程建设管理水平，实现监理项目部标准化管理目的，国网山东省电力公司（简称国网山东电力）编制本书。

本书依据国家现行法律法规，以及国家、行业标准和国家电网有限公司（简称国网公司）规程规范，结合国网公司管理通用制度，在总结国网山东电力系统监理项目部标准化建设及运作经验的基础上编制而成。

本书根据 10kV 及以下配电网工程建设特点，按照管理内容简单实用、工作流程易于操作的原则进行编制。主要有三个特点：①总结了配电网监理工作管理经验，根据配电网工程监理服务特点，将监理项目部与业主项目部、施工项目部标准化工作要素紧密结合；②正文按照工程建设过程的各个阶段工作内容进行描述，将安全管理、质量管理等专业内容穿插其中，方便使用；③管理资源按照工程实际需求合理配置，突出监理项目部的控制重点。

一、本书正文主要包括以下两方面内容：

（1）监理项目部设置。明确了监理项目部的定位、组建原则、人员配置、任职资格及条件、设备配置及要求；明确了监理项目部工作职责及各岗位职责，以及监理项目部重点工作与关键管控节点。

（2）专业管理要求。明确了监理项目部项目管理、安全管理、质量管理、造价管理和技术管理五个专业的管理工作内容与方法、管理流程和管理依据。

1）管理工作内容与方法。明确了监理项目部主要工作内容和基本方法，并标注了完成各项工作所采用标准化管理模板的编号，附录 C 中详细收录了监理项目部标准化管理模板。

2）管理流程。明确了监理项目部各专业管理重要单项业务的工作流程。

3）管理依据。在附录 B 中标注了监理项目部各项工作所依据的国家、行业、国网公司、国网山东电力的有关法律法规、管理制度、技术标准等。

二、本书还对有关名词术语进行了统一解释，详见附录 A。

三、本书相关使用说明如下：

（1）本书工作模板主要规范 10kV 及以下配电网架空线路、电缆、开闭所、台区等各专业工作管理过程中主要模板的格式、内容，自印发之日起在国网山东电力系统 10kV 及以下配电网建设工程项目中统一执行。

（2）工程建设相关的表式分业主、监理、施工三个模板。本手册仅针对监理发起并填写的表式进行整理归类，由施工、业主发起并填写的表式参见《10kV 及以下配电网工程项目部标准化管理　施工项目部》《10kV 及以下配电网工程项目部标准化管理　业主项目部》模板。

（3）监理管理模板代码的命名规则：“JSZ”代表“监理项目部设置”模板；“JXM”代表“监理项目管理”模板；“JAQ”代表“监理安全管理”模板；“JZL”代表“监理质量管理”模板；“JZJ”代表“监理造价管理”模板；“JJS”代表“监理技术管理”模板。

（4）管理模板的编号原则如下：

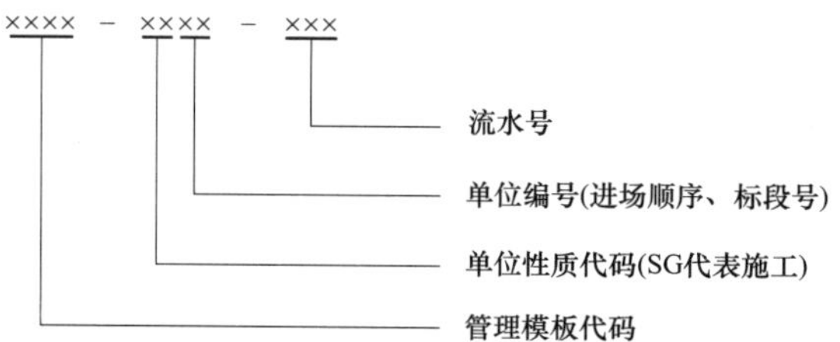

1）单位性质代码为单位性质的拼音首字母缩写，如 SG 代表施工单位；SJ 代表设计单位；SY 代表试验单位；JL 代表监理单位；YZ 代表业主。

2）单位编号用来区别多个同性质单位（如只有一个单位，则单位编号不填写），按照进入现场时间的先后顺序填写，如第一个进场的施工单位，编为 SG01，第二个进场的施工单位，编为 SG02。

3）流水号用来区分同一类模板，统一用 3 位数字填写，按形成的先后顺序编号，第 1 份为 001，第 2 份为 002，依次类推。

（5）表式内容填写总使用说明：

1）工程名称：以施工图设计文件名为准。

2）管理模板中监理项目部名称以监理项目部公章为准。除按填写、使用说明要求盖公司印章外，其他所有需要盖公章的，一律盖监理项目部公章。报审表中业主项目部审批意见栏经业主项目部项目经理审核签字，加盖业主项目部公章。

3）管理模板中承包单位填写内容部分采用打印方式，监理项目部审查意见、业主项目部审查意见采用手写方式。

4）管理模板中所有姓名、日期的签署采用手写方式。监理项目部审查意见如果在栏内写不下，可附页，并注明“具体意见附后”字样。附页内容采用打印方式，并手写签署姓名、日期，加盖监理项目部公章。

（6）监理前期策划文件、监理总结、监理质量评估等按合同批次编写；工程过程文件按批复的工程项目分别编写报审。针对工程规模满足创优条件的可针对自身情况单独编写，监理项目部可按实际工作情况编写会议纪要、月报，分别归档。

四、本书相关内容若与上级单位最新有关要求和制度相悖，以上级单位要求和制度为准。

目　录

1 监理项目部设置

1.1 监理项目部组建

1.1.1 定位

监理项目部是工程监理单位派驻工程现场，负责履行建设工程监理合同的组织机构，公平、独立、诚信、科学地开展建设工程监理与相关服务活动。通过审查、见证、旁站、巡视、平行检验、验收等方式方法，实现监理合同约定的各项目标。

1.1.2 组建原则

监理单位应根据监理合同约定的服务内容、服务期限、工程特点、规模和技术复杂程度等因素，在合同签订一个月内成立监理项目部，并将项目部成立及总监理工程师任命书面通知业主项目部。

监理项目部配备满足独立开展监理工作的各类资源（包括办公、交通、通信、检测、个人安全防护用品等设备或工具，以及满足工程需要的法律、法规、规程、规范、技术标准等依据性文件），并在工程建设期间，结合工程实际，合理调整资源配备，满足监理工作需要。

监理单位根据委托监理合同要求和配电网工程点多面广的实际情况，结合国家和行业监理规范的要求，按地市设立监理项目部，所属各县（市、区）设立分支机构，建设管理单位提供办公场所。监理项目部应配备总监理工程师、专业监理工程师、安全监理工程师和资料员；分支机构人员应相对固定，对于单一批次投资计划在 2000 万元及以下的县域，现场监理员不应少于 3 人，投资计划每增加 1000 万元，现场监理员应增加 1 人。在施工高峰期或针对特殊工程项目应适当增加专业监理工程师和监理员数量。其中应有 1 名整理档案资料的专业技术人员。监理项目部人员配置基本要求如表 1–1 所示。

表 1–1　　监理项目部人员配置基本要求

序号	监理项目部名称	总监理工程师	专业监理工程师	安全监理工程师	监理员	造价人员	信息资料人员
1	配电网监理项目部	1	1	1	如承担区域现场监理，应按分支机构要求配置	公司统筹安排	1

续表

序号	监理项目部名称	总监理工程师	专业监理工程师	安全监理工程师	监理员	造价人员	信息资料人员
2	分支机构	—	1	—	单一批次投资计划在2000万元及以下的县域，现场监理员不应少于3人，投资计划每增加1000万元，现场监理员应增加1人	公司统筹安排	1

注 1. 当总监理工程师需同时兼任多个项目部总监理工程师工作时，应经业主项目部同意，且不宜超过3项。

2. 监理单位应根据工程进展情况及时派驻人员进场。在施工高峰期或针对特殊工程项目应适当增加专业监理工程师和监理员数量。

3. 信息资料人员在满足工程信息管理的前提下允许兼职。

1.1.3 任职资格及条件

监理项目部配备的监理人员年龄应在65周岁以下，身体健康，具备配电网工程建设监理实务知识、相应专业知识、工程实践经验和协调沟通能力。监理人员任职资格及条件符合表1-2。

表1-2　监理人员任职资格及条件

岗位	岗位性质	兼职要求	任职条件
总监理工程师	关键	专职	在2年内参加过省（市）级公司举办的安全培训，经考试合格，具备国家注册监理工程师资格，具有3年及以上同类工程监理经验
专业监理工程师	关键	专职	具备工程类注册职业资格或具有中级及以上专业技术职称，具有2年以上同类工程监理工作经验
安全监理工程师	关键	专职	在2年内参加过省（市）级公司举办的安全培训，经考试合格，具备国家注册监理工程师或具有中级及以上专业技术职称，从事电力建设工程安全管理工作或相关工作3年以上，具有大专或以上学历
造价员	重要	兼职	应具备造价员及以上专业资格，具有1年以上同类工程造价工作经验
监理员	重要	兼职	经过电力建设监理业务培训，具有同类工程建设相关专业知识，协助专业监理工程师从事现场具体监理工作，原则上具有大专或以上学历
信息资料员	一般	兼职	熟悉电力建设监理信息档案管理知识，具备熟练的电脑操作技能，经监理公司内部培训合格

1.1.4 监理项目部基本设备配置

监理项目部应根据工程项目类别、规模、技术复杂程度、工程项目所在地的环境条件，依据监理合同约定，配备满足监理工作办公需要的检测设备、工器具、办公设施和交通工具。监理项目部基本设备配置应符合表1-3。

表 1-3　　　　　　　　　　　　　　　监理项目部基本设备配置清单

序号	名　称	项目部配置数量	分支机构配置数量
一	办公设备		
1	计算机	2 台	1 台
2	打印机	2 台	1 台
3	复印机	1 台	1 台
4	数码相机	2 台带 GPS 定位功能相机	按现场监理员数量配置带 GPS 定位功能相机
二	常规检测设备和工具		
1	测厚仪	2 台	需使用时由项目部调配
2	混凝土强度回弹仪	1 个	1 个
3	经纬仪	2 台	需使用时由项目部调配
4	游标卡尺	1 把	1 把
5	力矩扳手	1 套	1 套
6	接地电阻测量表	1 个	1 个
7	钢卷尺	50m 一个，每人 5m	50m 一个，每人 5m
8	望远镜	1 个	按现场监理员数量
9	万用表	1 个	1 个
10	激光测距仪	1 台	1 台
三	个人安全防护用品	每人一套	每人一套
四	交通工具	≥ 2 辆	2 辆

注　监理项目部设备配置的数量、型号根据实际工程情况在监理规划中明确。

1.1.5　基本规范和标准的配置

监理项目部应配置满足工程监理需要的基本规程规范和标准。在工程实施前根据工程实际情况及监理合同要求进行补充、配备（配备相应的纸质版或电子版文件），并建立监理项目部标准执行清单。同时，对规范和标准实施动态管理，以保证在用标准为最新版本，基本配置要求见附录 B 监理项目部基本规程规范和标准配置。

1.1.6　办公设施

监理项目部办公场所需悬挂相应标识及各项管理制度等，具体要求见附录 F 监理项目部悬挂的标识及各项管理制度。

1.2　监理项目部工作职责

严格履行监理合同，对工程安全、质量、造价、进度进行控制，对合同、信息进行管理，对工程建设相关方的关系进行协调，并履行建设工程安全生产管理法定职责，努力促进工程各项目标的实现。

（1）建立健全监理项目部安全、质量组织机构，严格执行工程管理制度，落实岗位职责，确保监理项目部安全质量管理体系有效运作。

（2）参加设计交底及施工图会检，监督有关工作的落实。

（3）结合工程项目的实际情况，组织编制监理工作策划文件，报业主项目部批准后实施。

（4）审查项目管理实施规划（施工组织设计）、施工方案（措施）等施工策划文件，提出监理意见，报业主项目部审批。

（5）组织监理人员进行安全教育培训，对工程策划文件、标准工艺及上级文件进行学习、交底。

（6）审核施工项目部提交的开工报审表及相关资料，报业主批准后，签发工程开工令。

（7）审查施工分包商报审文件，对施工分包管理进行监督检查。

（8）审查施工项目部编制施工进度计划并督促实施；比较分析进度情况，采取措施督促施工项目部进行进度纠正偏差。

（9）定期检查施工现场，发现存在安全事故隐患的，应要求施工项目部整改；情况严重的，应书面通知施工方要求施工项目部暂停施工，并及时报告业主项目部。施工项目部拒不整改或不停止施工的，应填写监理报告即时向有关主管部门汇报。

（10）组织进场材料、构配件的检查验收；通过见证、旁站、巡视、平行检验等手段，对全过程施工质量实施有效控制。监督、检查工程管理制度、标准工艺、质量通病防治措施的执行和落实。

（11）按规定进行工程设计变更和现场签证管理。

（12）审核工程进度款支付申请，按程序处理索赔。

（13）审核施工项目部竣工结算资料。

（14）定期组织召开监理例会，参加与本工程建设有关的协调会。

（15）负责应用工程管控系统上传相关工程信息，负责工程信息、数码照片及档案监理资料的收集、整理、上报、移交工作。

（16）配合各级检查、竞赛评比等工作，完成自身问题整改闭环，监督施工项目部完成问题整改闭环。

（17）组织开展监理初检工作，做好工程中间验收、竣工验收的监理工作。

（18）项目投运后，及时对监理工作进行总结。

（19）负责投产后质量保证期内监理服务工作，参加项目创优工作。

1.3 监理项目部各岗位管理职责

1.3.1 总监理工程师岗位职责

总监理工程师是监理单位履行工程监理合同的全权代表，全面负责建设工程监理实施工作。

（1）确定项目监理机构人员及其岗位职责。

（2）组织编制监理规划。

（3）根据工程进展及监理工作情况调配监理人员，检查监理人员工作。

（4）组织召开监理例会。

（5）组织审核分包单位资格。

（6）组织审查施工项目管理实施规划（施工组织设计）、（专项）施工方案。

（7）审查开、复工报审表，签发工程开工令、暂停令。

（8）组织检查施工单位现场质量、安全生产管理体系的建立及运行情况。

（9）组织审核施工单位的付款申请，参与竣工结算。

（10）组织审查和处理设计变更。

（11）调解建设管理单位与施工单位的合同争议，处理工程索赔。

（12）组织验收审查单位工程质量检验资料。

（13）审查施工单位的竣工申请，组织工程监理初检，组织编写工程质量评估报告，参与工程竣工验收。

（14）参与或配合工程质量安全事故的调查和处理。

（15）组织编写监理工作总结，组织整理监理文件资料。

1.3.2 专业监理工程师岗位职责

（1）参与编制监理规划。

（2）审查施工单位提交的涉及本专业的报审文件，并向总监理工程师报告。

（3）指导、检查监理员工作，定期向总监理工程师报告本专业监理工作实施情况。

（4）检查进场的工程材料、构配件、设备的质量。

（5）组织质量检查验收。

（6）处置发现的质量问题。

（7）进行工程计量。

（8）参与工程变更的审查和处理。

（9）组织编写监理日志。

（10）收集、汇总、参与整理本专业监理文件资料，督促施工单位及时收集、整理、移交施工档案资料。

（11）参加监理初检，参与工程竣工验收。

1.3.3 安全监理工程师岗位职责

（1）在总监理工程师的领导下负责工程建设项目安全监理的日常工作。

（2）协助总监理工程师做好安全监理策划工作。

（3）审查施工单位、分包单位的安全资质，审查项目经理、专职安全管理人员、特种作业人员的上岗资格，并在过程中检查其持证上岗情况。

（4）参加项目管理实施规划和专项安全技术方案的审查。

（5）审查施工项目部安全风险清册，督促做好施工安全风险预控。

（6）参与专项施工方案的安全技术交底，监督检查作业项目安全技术措施的落实。

（7）组织或参加安全例会和安全检查，督促并跟踪存在问题整改闭环，发现重大安全事故隐患及时制止并向总监理工程师报告。

（8）审查安全费用的使用。

（9）协调交叉作业和工序交接中安全文明施工措施的落实。

（10）负责安全监理工作资料的收集和整理。

（11）参加编写监理日志。

（12）负责做好安全管理台账以及安全监理工作资料的收集和整理。

1.3.4 造价员岗位职责

（1）负责项目建设过程中的投资控制工作；严格执行国家、行业和企业标准，贯彻落实建设单位有关投资控制的要求。

（2）协助总监理工程师处理工程变更，根据规定报上级单位批准。

（3）协助总监理工程师审核上报工程进度款支付申请。

（4）参加业主项目部组织的工程竣工结算审查工作会议，审核施工项目部竣工结算资料。

（5）负责收集、整理投资控制的基础资料，并按要求归档。

1.3.5 监理员岗位职责

（1）检查施工单位投入工程的人力、主要设备的使用及运行状况。

（2）参加见证取样工作。

（3）复核工程计量有关数据。

（4）检查工序施工结果。

（5）担任旁站监理工作，检查施工单位现场关键人员履职情况，同时核查特种作业人员的上岗证。

（6）检查、监督工程现场的施工质量、安全状况及措施的落实情况，发现施工作业中的问题，及时指出并向监理工程师报告。

（7）做好相关监理记录。

（8）熟悉所监理项目的合同条款、规范、设计图纸，在专业监理工程师领导下，有效开展现场监理工作，及时报告施工过程中出现的问题。

1.3.6 信息资料员岗位职责

（1）负责对工程各类文件资料进行收发登记；分类整理，建立资料台账，并做好工程资料的储存保管工作。

（2）负责工程管控系统相关资料的录入。

（3）负责工程文件资料在监理项目部内的及时流转。

（4）负责对工程建设标准文本进行保管和借阅管理。

（5）协助总监理工程师对受控文件进行管理，保证监理人员及时得到最新版本。

（6）负责工程监理资料的整理和归档工作。

1.4 监理项目部重点工作及关键管控点

监理项目部按照过程管控、强化手段、重点突出的原则开展监理工作，监理项目部的6项重点工作及24项关键管控点详见表1–4。

表1–4　　监理项目部重点工作与关键管控节点

序号	重点工作	关键管控节点及工作要求	主要成果资料
1	策划管理	（1）监理策划。组织编写监理项目部策划文件，按流程完成内部审批，报业主项目部	监理规划、专业监理实施细则
		（2）审查施工项目策划文件。对施工项目部编制的项目管理实施规划（施工组织设计）、施工方案（措施）等项目策划文件进行审查，并签署意见	文件审查记录
2	项目管理	（1）开工审核。审查工程开工条件，签发工程开工令	工程开工报审表、工程开工令
		（2）进度管理。对施工进度进行动态管理，及时采取纠正偏差措施	相关进度控制的文件记录
		（3）工程协调。组织有关单位召开监理例会或专题会议，研究解决相关问题	会议纪要

续表

序号	重点工作	关键管控节点及工作要求	主要成果资料
2	项目管理	（4）工程管控系统。应用工程管控系统，及时、准确、完整录入相关数据	工程管控系统及时上传数码照片
		（5）合同履约管理。监督检查施工单位合同履约情况，协调解决合同执行过程中的争议	会议纪要、索赔审核记录
		（6）信息档案管理。及时组织宣贯上级文件，来往文件记录清晰。每月应编制监理月报，综合反映工程实施情况和监理工作情况，提出存在问题与监理建议，及时报送业主项目部。及时完成资料收集，组织档案移交	收发文记录、安全、质量活动记录表，监理月报，工程档案资料
3	安全管理	（1）安全检查。通过旁站、检查、签证等手段，对发现的各类安全事故隐患，督促施工项目部及时整改闭环	安全旁站、安全签证等记录，监理通知单、工程暂停令等监理指令文件
		（2）分包管理。审查分包计划、分包商资质、分包合同及分包安全协议，监督项目分包管理工作	分包审查意见、分包管理检查及督促整改闭环记录
		（3）特殊工种管理。审查特殊工种、特种作业人员资格证明文件，进行不定期核查	特殊工种报审表、监理检查记录
		（4）风险管控。对工程关键部位、关键工序、危险作业项目进行现场安全旁站	安全旁站监理记录
		（5）安全文明施工管理。检查现场安全文明施工设施使用情况	监理检查记录
4	质量管理	（1）在进场前对施工单位采购的原材料、构配件进行验收，审查质量证明文件、复试报告；组织主要设备材料开箱	工程材料、构配件、设备审查记录，设备材料开箱检查记录表
		（2）质量通病防治。开展质量通病防治过程检查，工程结束后进行总结	监理检查记录表
		（3）标准工艺应用	监理检查记录表
		（4）监理初检。组织监理初检，提出监理初检报告，参加工程中间验收、竣工投产验收工作。督促施工项目部完成问题整改	监理初检报告、监理初检问题整改闭环记录
5	造价管理	（1）施工工程款审核与结算。按施工合同约定，审核工程预付款、支付款申请，进行工程计量和进度款付款审核，参与工程结算	施工工程款监理审查意见、结算监理审核意见
		（2）设计变更管理。按设计变更管理制度，对设计变更进行审查并督促实施	设计变更审批单、设计变更执行报验单
		（3）现场签证管理。负责审核现场签证并督促实施	现场签证审批单
6	技术管理	（1）施工图预检。对施工图进行预检，形成预检意见	施工图预检记录表
		（2）督促施工技术交底。参与专项施工方案安全技术交底	相关交底记录
		（3）监理培训与交底。完成监理人员交底、培训、学习	安全、质量活动记录表，试卷及成绩
		（4）专项施工方案审查。审查专项施工方案，提出审查意见并报业主项目部审批	专项施工方案及审查意见

监理项目部应规范项目过程管理，努力提升项目监理能力和水平。监理管理资料应在监理过程同步形成。

2 项目管理

监理项目部的工程项目管理范围除安全管理、质量管理、造价管理和技术管理四项专业化管理之外还包括监理工作策划管理、工程进度计划管理、合同履约管理、组织协调、信息与档案管理、总结评价等。

2.1 管理工作内容与方法

2.1.1 监理工作策划

（1）在监理合同签订一个月内成立监理项目部，并将监理项目部成立及总监理工程师任命（见附录 C 中 JSZ1*）书面通知业主项目部。配备满足工程需要的人员及各项设施。

（2）工程开工前，审查施工项目部项目管理实施规划，报业主项目部审批。填写文件审查记录表（见附录 C 中 JXM2*）。

（3）依据建设管理纲要、项目管理实施规划（施工组织设计）、设计图纸等有关文件要求，编制监理规划（见附录 C 中 JXM4*）；并在第一次工地会议前填写监理策划文件报审表（见附录 C 中 JXM3*），报业主项目部审批。根据工程实际情况，对策划文件进行修编及更新。

（4）组织监理项目部人员对上级文件、国网公司管理制度、工程策划文件等进行交底、培训，形成质量 / 安全活动记录（见附录 C 中 JXM11*）。

（5）工程施工阶段，监督检查策划文件的执行情况。

2.1.2 工程进度计划管理

（1）根据业主的项目进度实施计划，审核施工项目部编制的施工进度计划，合格后报业主项目部按有关程序审批，并监督执行。

（2）审查核实工程开工条件，审核工程开工报审表，报业主项目部按有关程序审批后及时签署工程开工令（见附录 C 中 JXM1*）。

（3）审查单位工程开工报审表，核查单位工程开工条件，满足条件后签署单位工程开工报审表。

（4）定期审查施工进度计划，提出审查意见。及时跟踪施工进度计划执行情况，发现偏差时，督促施工项目部采取措施进行进度纠正偏差。

（5）需要对原进度计划进行调整时，组织审查施工进度调整计划报审表，确认无误后督促实施。如需对工程竣工时间进行变更时，应组织审查变更工期的理由，同意后报业主项目部。

2.1.3 合同履约管理

（1）认真履行监理合同的相关服务内容。

（2）及时收集、整理监理服务内容超过监理合同的原始资料，为处理监理费用索赔提供依据。依据监理合同的有关要求，提出监理费用的索赔申请，报业主项目部。

（3）监督检查施工单位合同履约情况，依据施工合同条款的规定及时解决合同执行过程中的争议，由总监理工程师进行协调或提出处理合同争议的意见。

（4）施工合同解除时，监理项目部应按合同约定，与业主项目部、施工单位按有关要求协商确定施工单位应得款项，按施工合同约定处理合同解除后的有关事宜。

（5）及时收集、整理有关工程费用的原始资料，为处理费用索赔提供证据。依据施工合同审核索赔申请，提出监理书面意见和建议，报送业主项目部 。

2.1.4 组织协调

（1）参加业主项目部组织的第一次工地会议、月度协调会、专题协调会等，提出监理意见和建议。

（2）定期主持召开监理例会暨安全质量例会，有必要时组织召开专题会议，并形成会议纪要（见附录 C 中 JXM8*）。

（3）及时处理、解决需要协调的有关事项。

2.1.5 信息与档案管理

（1）每月按规定时间编制监理月报（见附录 C 中 JXM15*）报送业主项目部，及时填写监理日志（见附录 C 中 JXM14*）。

（2）完善工程信息资料过程管理机制，实施文件的收发登记管理，填写文件收发记录表（见附录 C 中 JXM12）。

（3）按照国网山东电力运维检修部下发的有关要求，及时采集工程开工、施工过程中、竣工数码照片，及时、准确、完整录入相关管控系统，录入照片应真实、有效，照片内容应准确体现实际工程情况。

（4）根据档案标准化管理要求，收集、整理工程资料，督促施工单位及时完成档案文件的汇总、组卷、移交。

2.1.6 总结评价

（1）工程投产后，组织编制监理工作总结（见附录 C 中 JXM16）。

（2）接受业主项目部的综合评价。

2.2 工作流程

项目管理主要单项业务流程包括监理工作策划管理流程（见图 2–1）。

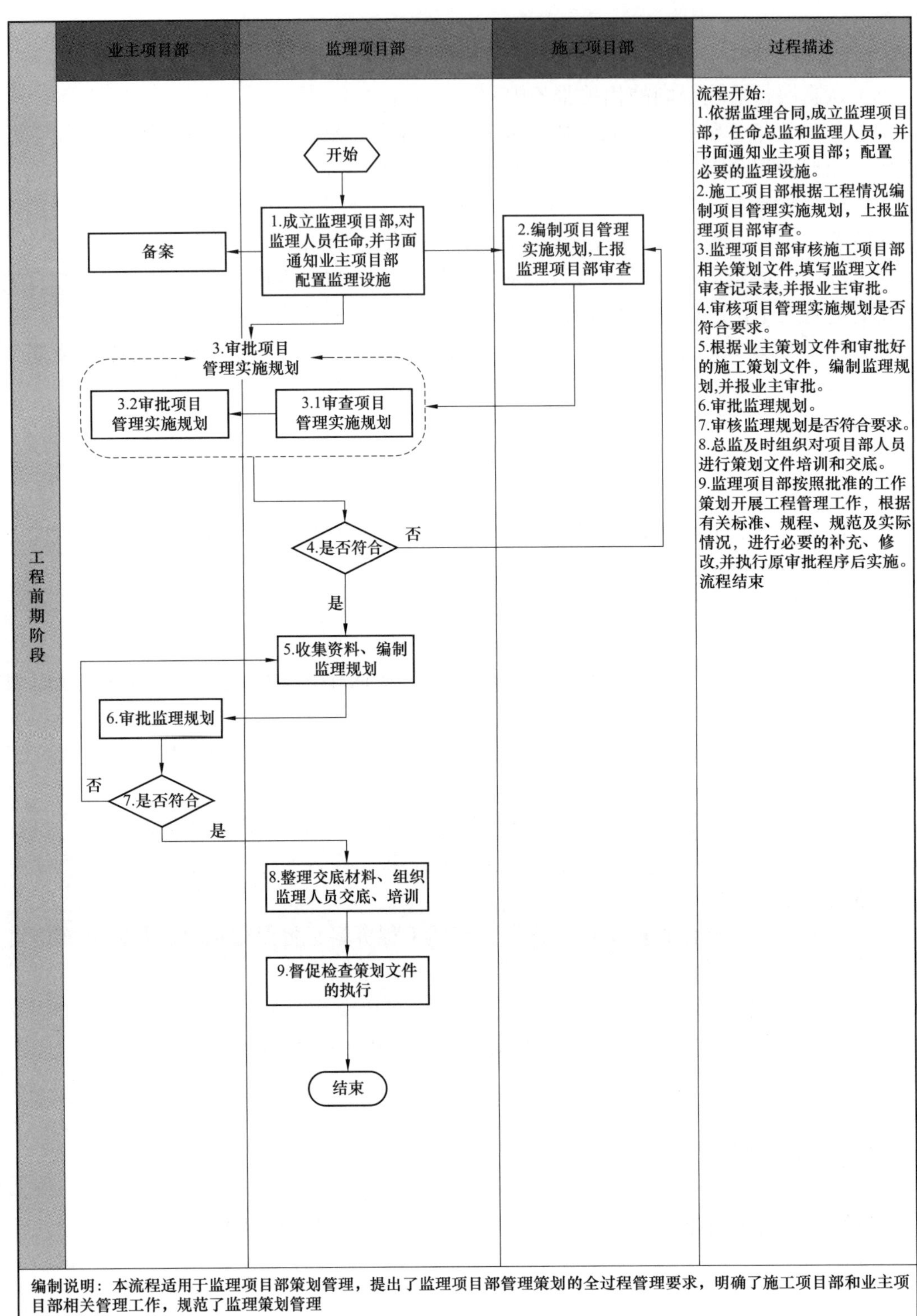

图 2-1　监理工作策划管理流程图

3 安全管理

安全管理的主要内容包括安全策划管理、安全风险和应急管理、安全检查管理、安全文明施工管理、分包安全管理和环境及水土保持管理等。

3.1 管理工作内容与方法

3.1.1 安全策划管理

（1）根据业主项目部安全管理要求，结合本工程特点，在编制本工程监理规划时编制安全监理工作专篇，经业主项目部批准后执行，填写监理策划文件报审表（见附录C中JXM3*）。

（2）监理项目部应建立以下安全管理台账：安全法律、法规、标准、制度等有效文件清单；总监理工程师及安全监理人员资质资料；安全管理文件收发、学习记录；安全监理会议记录；施工报审文件及审查记录；分包审查记录；安全检查、签证记录及整改闭环资料；安全旁站记录；监理通知单及回复单，工程暂停令及工程复工令（见附录C中JXM5*）。

（3）审查施工项目部编制的施工方案的安全保证措施。

（4）审查施工项目部项目经理、专职安全生产管理人员和特种作业人员的资格条件。

（5）审查施工项目部主要施工机械、工器具、安全防护用品（用具）的安全性能证明文件。

（6）组织召开安全工作例会（可结合监理例会召开），在形成的监理例会会议纪要（见附录C中JXM8*）中针对安全检查存在问题进行通报和分析，提出改进意见。

3.1.2 安全风险与应急管理

（1）在安全监理工作专篇中明确风险和应急管理工作要求，并提出安全生产管理的监理预控措施。

（2）审查施工项目部编制的风险控制方案。

（3）监督施工项目部开展施工安全管理及风险预防控制工作。对工程关键部位、关键工序、危险作业项目进行安全旁站，填写安全旁站监理记录表（见附录C中JAQ1）。

（4）参与现场应急工作管理。

3.1.3 安全检查管理

（1）进行日常的安全巡视检查，组织定期或专项（防灾避险、季节、施工机具、临时用电、安全通病、脚手架搭设及拆除等）安全检查。

（2）对大中型起重机械、脚手架，施工用电、危险品库房等进行安全检查签证，核查施工项目部填报的安全签证记录。

（3）重点检查各类专项方案（措施）的执行落实情况、安全生产管理人员及特殊工种、特种作业人员履职及持证情况。

（4）针对各类检查、签证发现的安全问题，视情况严重程度填写监理检查记录表（见附录C中JXM13*）或监理通知单（见附录C中JXM7*），督促施工单位落实整改闭环，并对整改结果进行复查；达到停工条件的，应签发工程暂停令（见附录C中JXM9*），并及时报告业主项目部；施工项目部拒不整改或者不停止施工的，及时向有关主管部门报告，填写监理报告（见附录C中JXM10）。

需签发工程暂停令的情况：

1）无安全保证措施施工或安全措施不落实。

2）作业人员未经安全教育及技术交底施工，特殊工种无证上岗。

3）安全文明施工管理混乱，危及施工安全。

4）未经安全资质审查的分包单位进入现场施工或施工项目部对分包队伍管理混乱。

5）发生七级以上安全事故（事件）。

（5）停工部位（工序）满足复工条件的，及时审核施工项目部报送的工程复工报审表，经业主项目部审批后签发工程复工令（见附录C中JXM5*）。

（6）配合业主项目部及上级单位开展优质工程、交叉互查等各类检查，按要求组织自查，督促责任单位落实整改要求。

（7）参与或配合项目安全事故（事件）调查处理工作。

3.1.4 安全文明施工管理

（1）在工程监理规划中编制安全监理工作专篇明确安全文明施工管理目标和安全控制措施、要点。

（2）对进场的安全文明施工设施进行审查。

（3）施工过程中，对施工单位安全标准化设施的使用情况和施工人员作业行为进行抽查，查出存在的问题及时督促落实整改，并提出改进措施。

（4）在旁站或巡视过程中，对现场落实安全文明施工标准化管理要求进行检查，并填写安全旁站监理记录表（见附录C中JAQ1）或监理检查记录表（见附录C中JXM13*）。

3.1.5 分包安全管理

（1）审查工程项目分包计划。

（2）审查分包商资质、业绩和拟签订的分包合同、安全协议，对拟进场的分包商主要人员、施工机械、工器具、施工技术能力等条件进行入场验证并动态核查。

（3）通过文件审查、见证、安全检查签证、旁站和巡视、平行检验、监理初检等监理手段，对施工项目部分包管理工作进行安全过程监督。

（4）按照有关管理和评价要求在施工过程中开展工程项目分包管理专项检查，填写监理检查记录表（见附录C中JXM13*）。

3.1.6 环境保护及水土保持管理

（1）审查施工项目部环境保护及水土保持管理体系、专责人员工作职责、工作内容及措施，督促施工项目部组织对施工人员进行环境保护及水土保持法律法规和控制措施的培训、交底，并检查相关记录。

（2）审查施工组织设计中的环境保护和水土保持的相关内容。

（3）根据工程情况，在安全工作例会中描述环境及水土保持监理工作内容。

（4）采取审查、巡查、抽查、签证等监理手段，检查督促施工单位全面落实环境保护和水土保持控制措施。检查环境保护和水土保持施工记录文件。

（5）发生环境污染事件后，要求施工项目部立即采取措施，可靠处理；当发现施工中存在环境污染事故隐患时，先口头指令暂停施工，在报业主项目部同意后，及时签发工程暂停令（见附录 C 中 JXM9*）；在环境污染事故发生后，事故责任单位应立即向监理项目部和项目法人报告。监理项目部应督促事故责任单位立即采取措施，防止事故扩大，并参加有关部门组织的环境污染事故调查，提出监理处理建议，并监督事故处理方案的实施。

（6）建设过程中，配合做好水土保持监测工作，参与、配合环境保护及水土保持验收工作。

3.2 工作流程

安全管理主要单项业务流程包括安全策划管理流程、安全检查管理流程（分别见图 3–1、图 3–2）。

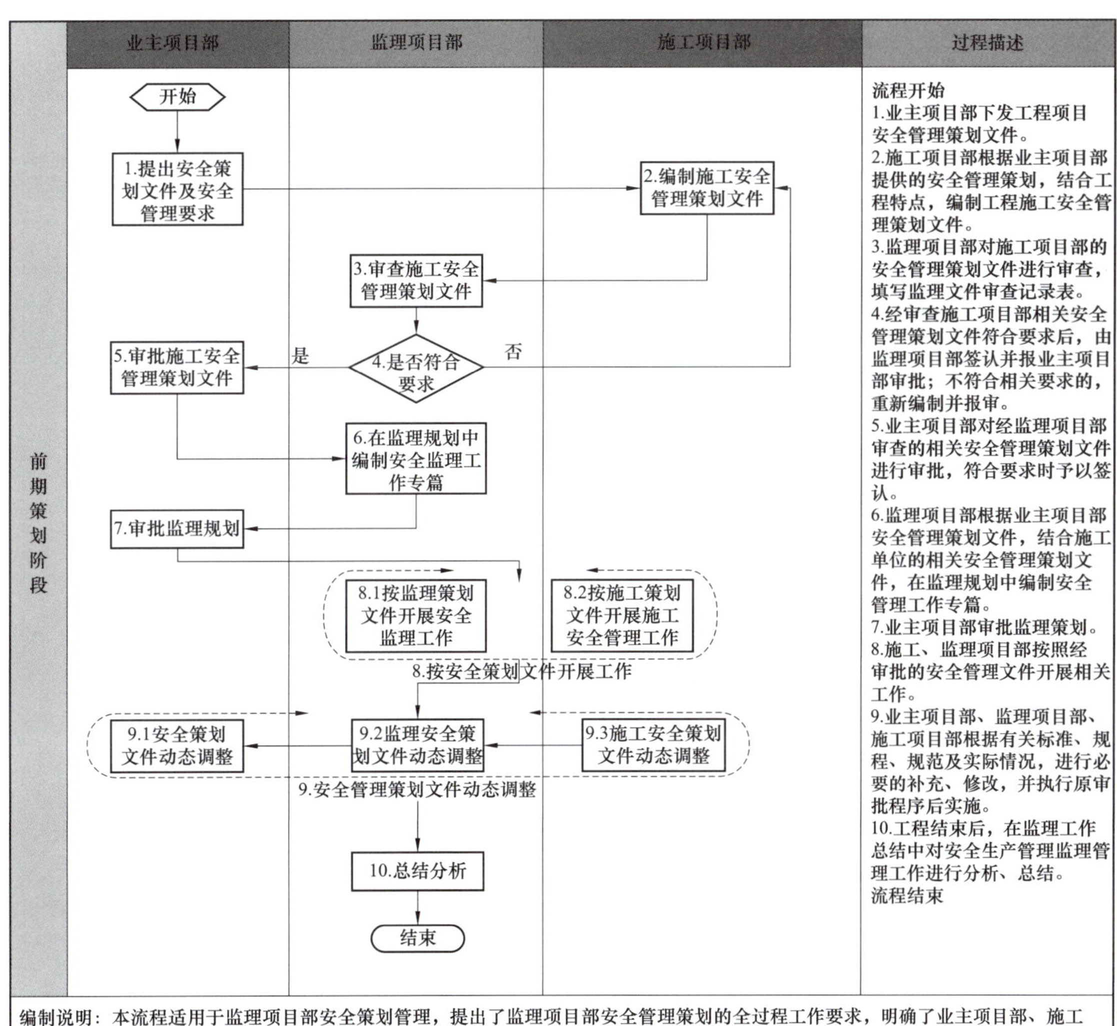

图 3–1 安全策划管理流程图

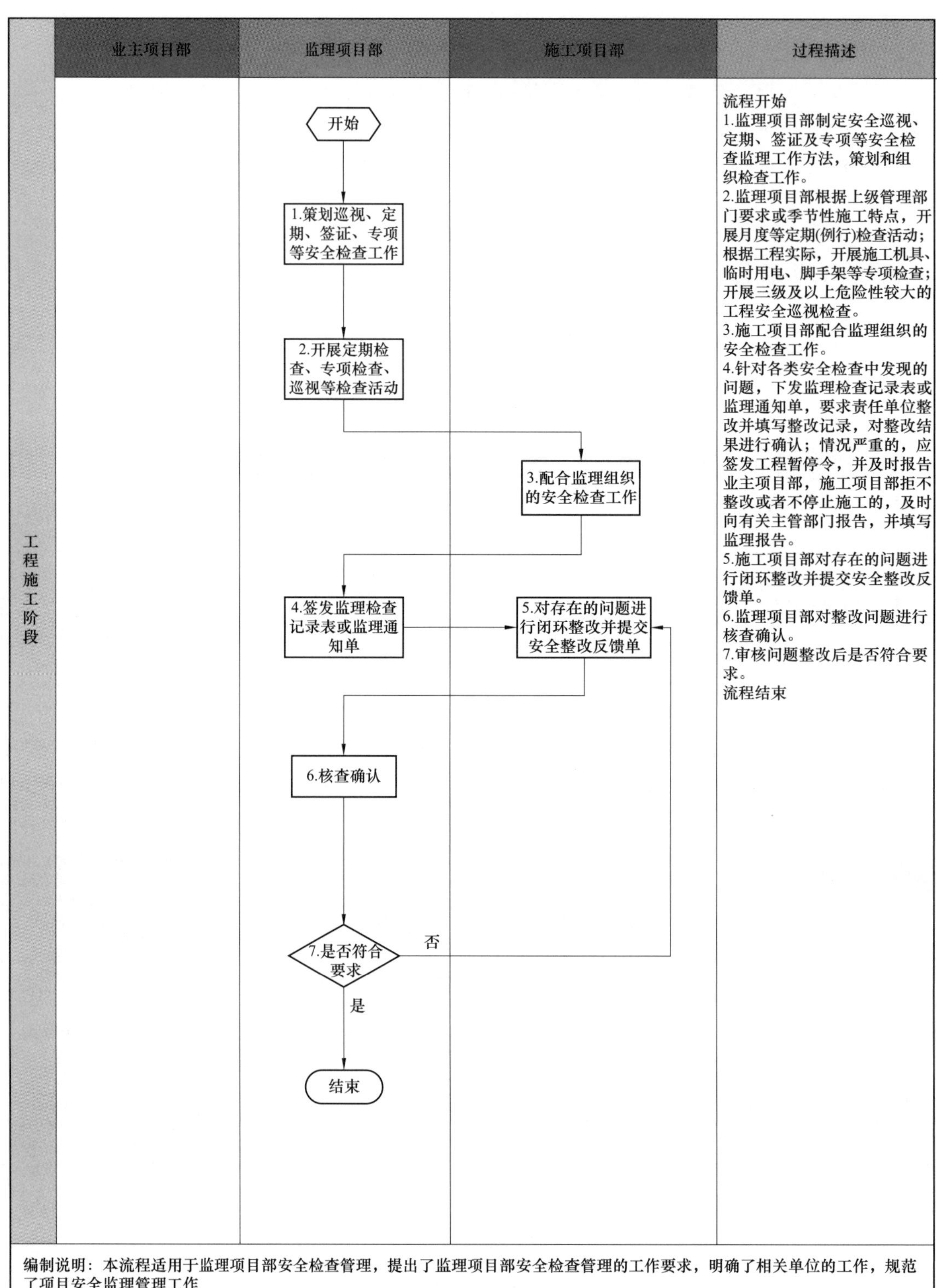

图 3-2　安全检查管理流程图

4 质量管理

质量管理按项目建设流程可分为质量策划、施工准备、施工过程、工程验收（含过程验收）和总结评价五个阶段管理内容。

4.1 管理工作内容与方法

4.1.1 质量策划阶段

依据已批准的监理规划，与主业工程相关的标准、设计文件和技术资料，施工组织设计等，编制监理实施细则（见附录 C 中 JZL1*），细则中可包含见证计划、隐蔽工程验收、平行检验、质量旁站、质量通病防治等内容，报业主项目部备案。

4.1.2 施工准备阶段

（1）审查施工项目部报审的质量管理组织机构、专职质量管理人员和特种作业人员的资格证书。

（2）审查施工项目部报送的项目管理实施规划中的质量保证措施的有效性和可行性，确保措施符合工程实际并具有可操作性，填写文件审查记录表（见附录 C 中 JXM2*）。

（3）审核施工项目部报审的施工方案等文件，填写文件审查记录表（见附录 C 中 JXM2*），报业主项目部审批。

（4）审查施工项目部报审的主要测量、计量器具的规格、型号、数量、证明文件等内容。

（5）审核测量依据、测量人员资格和测量成果是否符合设计、规范及标准要求。

（6）审查施工项目部报审的乙供材料供应商资质文件。

4.1.3 施工过程阶段

（1）对进场的乙供工程材料、构配件、设备按规定进行实物质量检查及见证取样，并审查施工项目部报送的质量证明文件、数量清单、自检结果、复试报告等，符合要求后方可使用。

（2）组织业主、施工、供货商（厂家）对甲供主要设备材料进行到货验收和开箱检查，并共同签署设备材料开箱检查记录表（见附录 C 中 JZL2*）。若发现缺陷，由施工项目部填报材料、构配件、设备缺陷通知单，待缺陷处理后，监理项目部会同各方确认。

（3）按规定对试品、试件进行见证取样，并对检（试）验报告进行审核，符合要求后予以签认。

（4）对已进场的材料、构配件、设备质量有怀疑时，在征得业主项目部同意后，按约定检验的项目、数量、频率、费用，对其进行平行检验或委托试验。

（5）对测量成果及保护措施进行检查核实。

（6）对关键部位、关键工序进行旁站监理，填写质量旁站监理记录表（见附录 C 中 JZL3*）。

需旁站的部位、工序（包括但不限于）：变压器安装及试验，环网柜安装及试验，电缆头制作及试验等项目需进行质量旁站（见附录E）。

（7）做好平行检验工作。对不符合相关质量标准的，应签发监理通知单（见附录C中JXM7*），及时督促施工单位限期整改。

（8）审核施工项目部报审的试品、试件试验报告。

（9）组织召开质量工作例会（可结合监理例会召开），在形成的监理例会会议纪要（见附录C中JXM8*）中分析工程质量状况，提出改进质量工作的意见。

（10）督促施工项目部质量通病防治措施实施。

（11）对“标准工艺”应用情况进行检查验收，填写监理检查记录表（见附录C中JXM13*），及时纠正偏差，跟踪整改。

（12）根据施工进展，对现场进行日常巡视检查，填写监理检查记录表（见附录C中JXM13*），发现问题及时纠正。巡视检查主要内容：

1）检查是否按工程设计文件、工程建设标准和批准的施工方案（措施）施工。

2）检查已进场使用的材料、构配件、设备是否合格。

3）检查现场质量管理人员是否到位，特种作业人员是否持证上岗。

4）检查用于工程的主要测量、计量器具的状态，确保检验有效、状态完好、满足要求。

（13）发现施工存在质量问题的，或施工单位采用不适当的施工工艺，或施工不当，造成工程质量不合格的，应及时签发监理通知单（见附录C中JXM7*），并督促落实整改。

（14）对需要返工处理或加固补强的质量缺陷，要求施工项目部报送经设计等相关单位认可的处理方案，并应对质量缺陷的处理过程进行跟踪检查，同时应对处理结果进行验收。

（15）发生质量事件后，现场监理人员应立即向总监理工程师报告；总监理工程师接到报告后，应立即向本单位负责人和业主项目部报告。参加有关部门组织的质量事件调查，提出监理处理建议，并监督事件处理方案的实施。

（16）发现存在符合停工条件的重大质量隐患或行为时，签发工程暂停令（见附录C中JXM9*），要求施工项目部进行停工整改，并报告业主项目部。

（17）配合业主项目部及上级单位开展优质工程、交叉互查等各类检查，按要求组织自查，督促责任单位落实整改要求。

4.1.4 工程验收阶段（含过程验收）

（1）对施工项目部报验的隐蔽工程进行验收，对验收合格的应给予签认；对验收不合格的应要求施工项目部在指定的时间内整改并重新报验。

（2）对已同意覆盖的工程隐蔽部位质量有疑问的，或发现施工单位私自覆盖工程隐蔽部位的，应要求施工项目部进行重新检验。

（3）现场组织质量验收工作，对“标准工艺”应用情况进行检查。

（4）根据施工项目部提出的验收申请，对施工项目部自检验收结果进行审查，组织监理初检工作。对初检中发现的施工质量问题，指令施工项目部取消缺陷整改。

（5）监理初检合格后，出具监理初检报告（见附录C中JZL4*），向业主项目部提出工程报验申请单（见附录C中JZL5*），报请业主项目部组织验收。

（6）参加业主项目部组织的验收，对验收中发现的问题，监理项目部组织复查，完毕后报业主项目部审查。

（7）整理、移交监理档案资料。

4.1.5 总结评价阶段

（1）依据委托监理合同的约定，对工程质量保修期内出现的质量问题进行检查、分析，参与责任认定，对修复的工程质量进行验收，合格后予以签认。

（2）配合业主项目部及上级有关部门组织的达标投产、优质工程等检查。

（3）承担工程保修阶段的服务工作时，按照要求进行质量回访。

4.2 工作流程

质量管理主要单项业务流程包括材料、构配件、设备质量控制流程，隐蔽工程质量控制流程，旁站监理工作流程，监理初检工作流程（见图 4–1~ 图 4–4）。

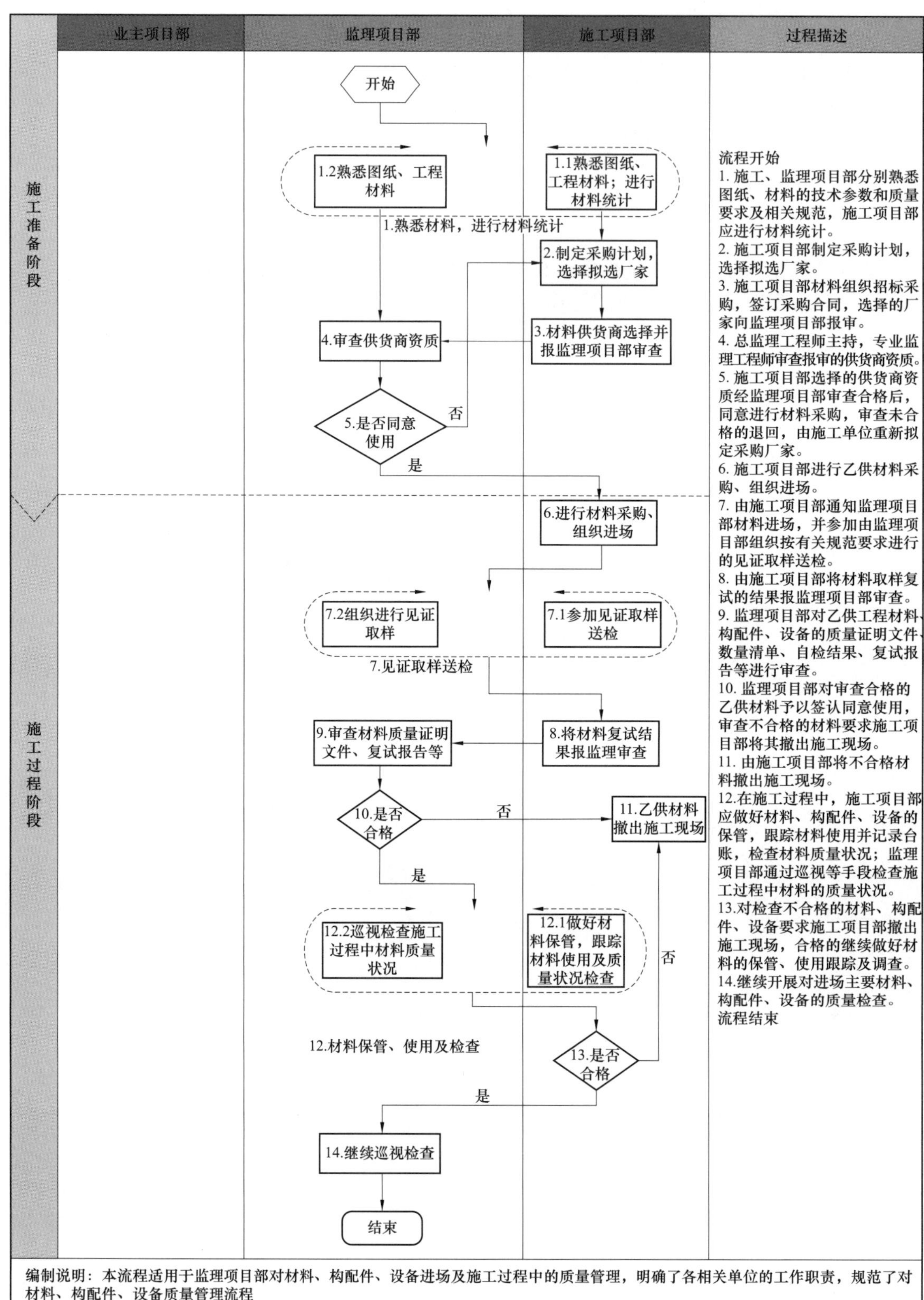

图 4-1　材料、构配件、设备质量控制流程图

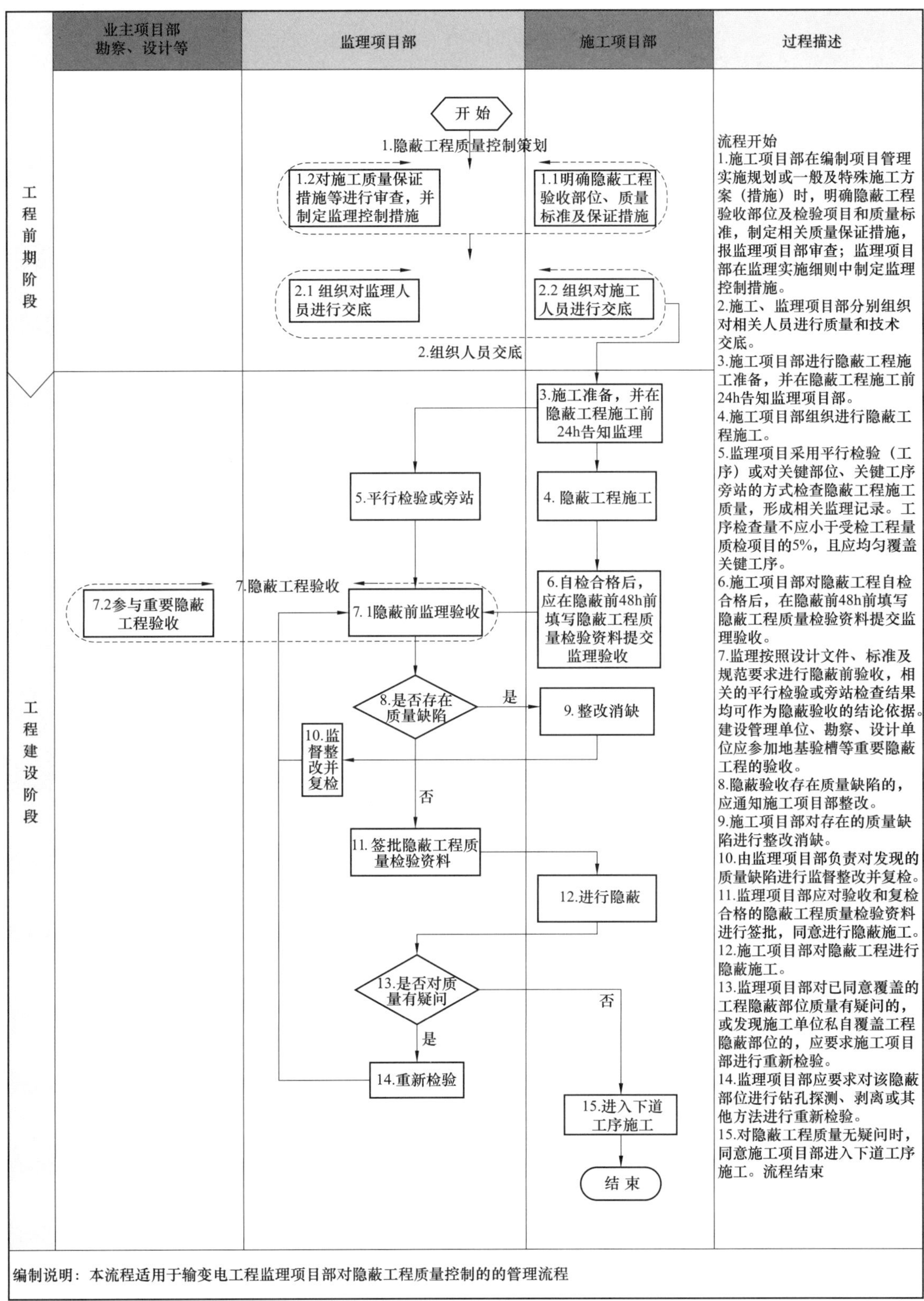

图 4-2　隐蔽工程质量控制流程图

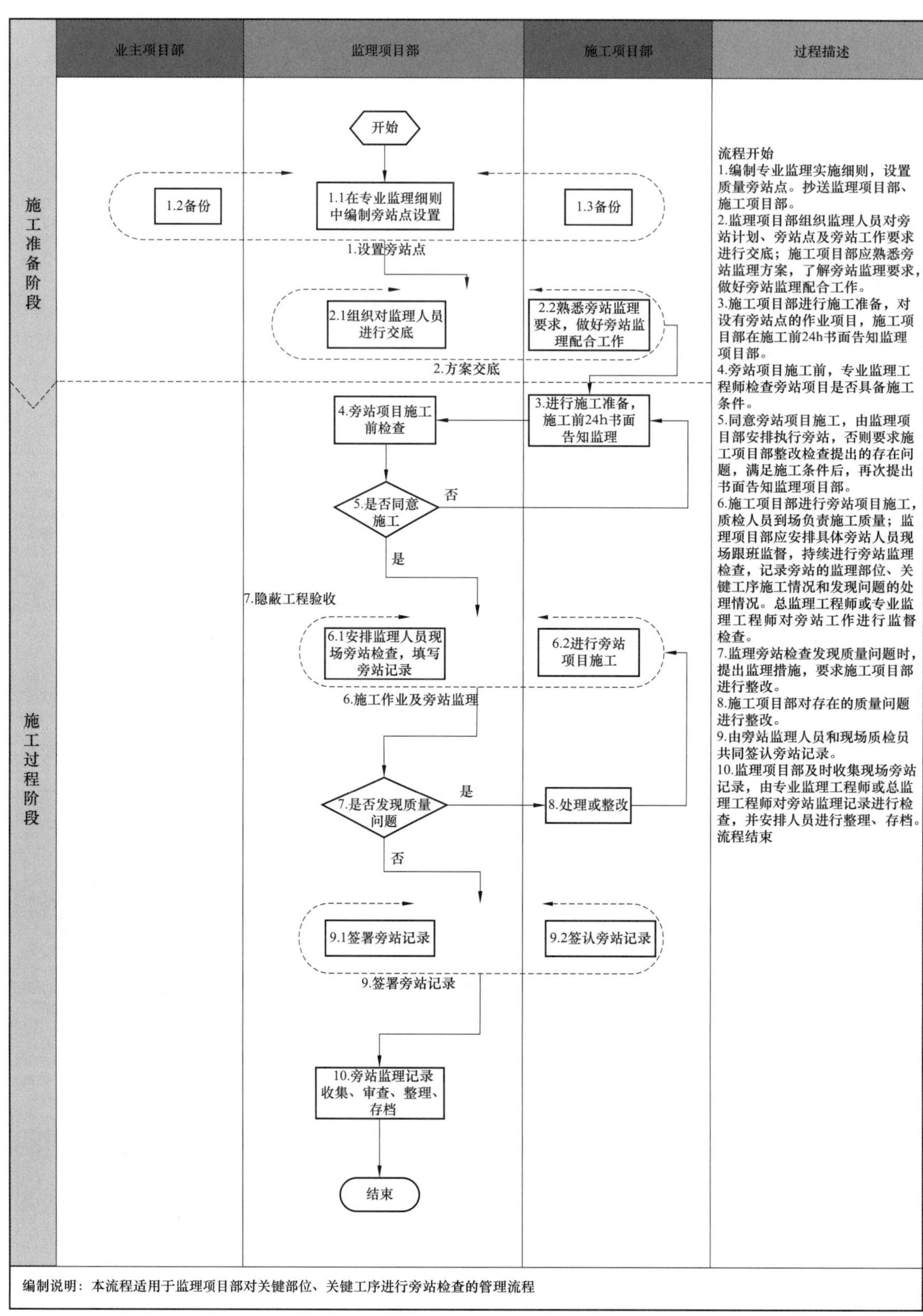

图 4-3　旁站监理工作流程图

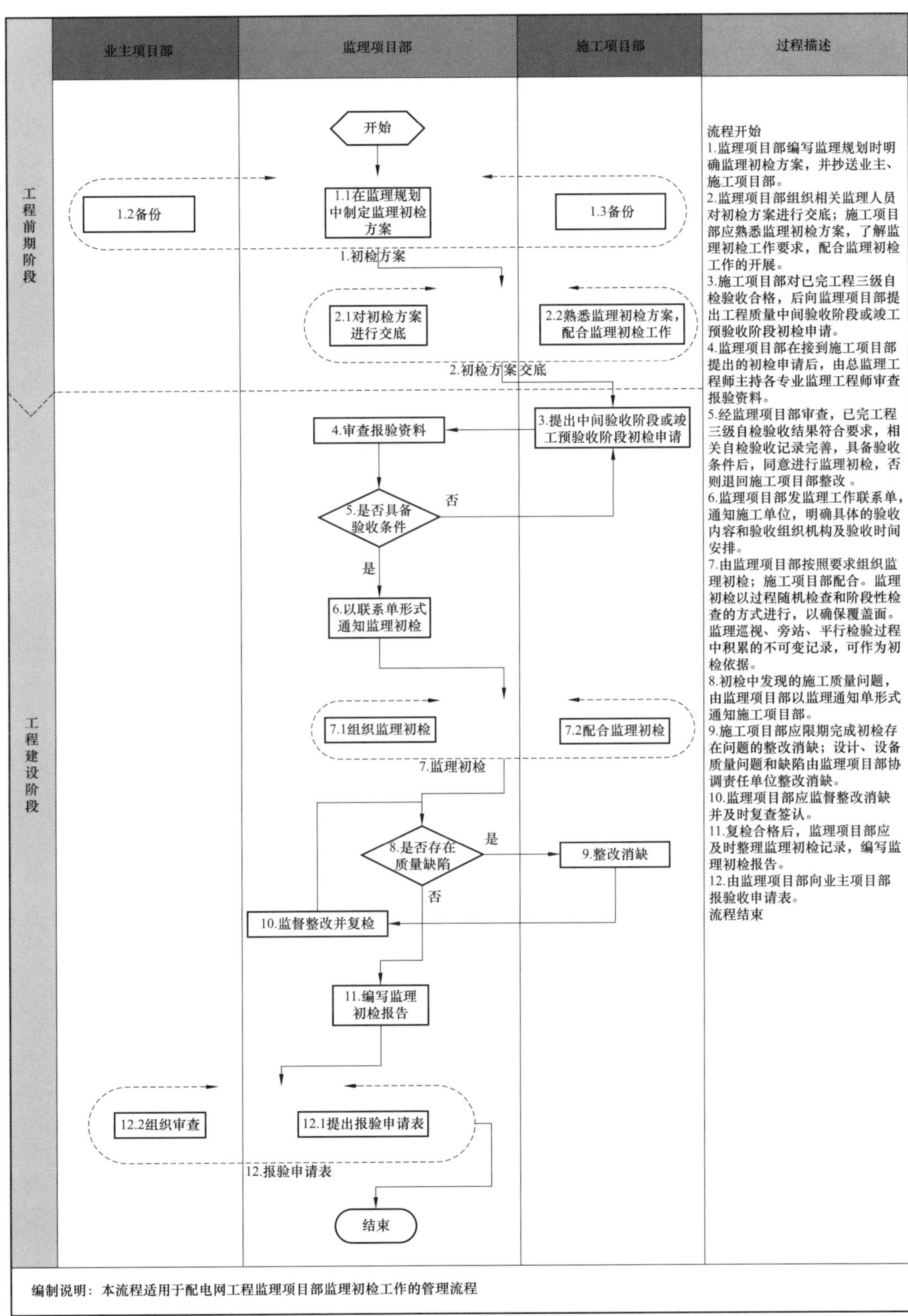

图 4-4　监理初检工作流程图

5 造价管理

造价管理的主要内容包括工程量管理、工程款支付审查、设计变更与现场签证、工程结算等。

5.1 管理工作内容与方法

5.1.1 工程量管理

（1）参与业主项目部组织的设计工程量审核。

（2）工程实施阶段根据施工设计图纸、工程设计变更和经各方确认的现场签证单，配合业主项目部核对工程量，提供相关工程量文件。

（3）竣工结算阶段配合业主项目部审核竣工工程量，编制完成竣工工程量文件。

5.1.2 工程款支付审查

（1）审查施工项目部编制的工程资金使用计划，并报业主项目部按相关流程审批。

（2）依据施工合同审核预付款，并报业主项目部按相关流程审批。

（3）审核进度款报审资料，签认后报业主项目部按相关流程审批。

（4）对工程款支付情况进行汇总登记。

5.1.3 设计变更与现场签证

（1）根据变更方案审查设计变更、现场签证的费用，报业主项目部审核。

（2）参与变更与现场签证验收，审查相关费用。

（3）填写设计变更联系单（见附录 C 中 JZJ2）。

5.1.4 工程结算

（1）按监理合同约定提出监理费支付申请。

（2）依据已审批的设计变更、现场签证、索赔申请等相关结算资料，提出监理意见。

（3）审核施工项目部编制的竣工结算书，并出具监理审核报告。

（4）协助业主项目部完成工程竣工结算资料和竣工结算报告。

5.2 工作流程

造价管理主要单项业务流程包括进度款审核流程、现场签证流程，分别见图 5–1、图 5–2。

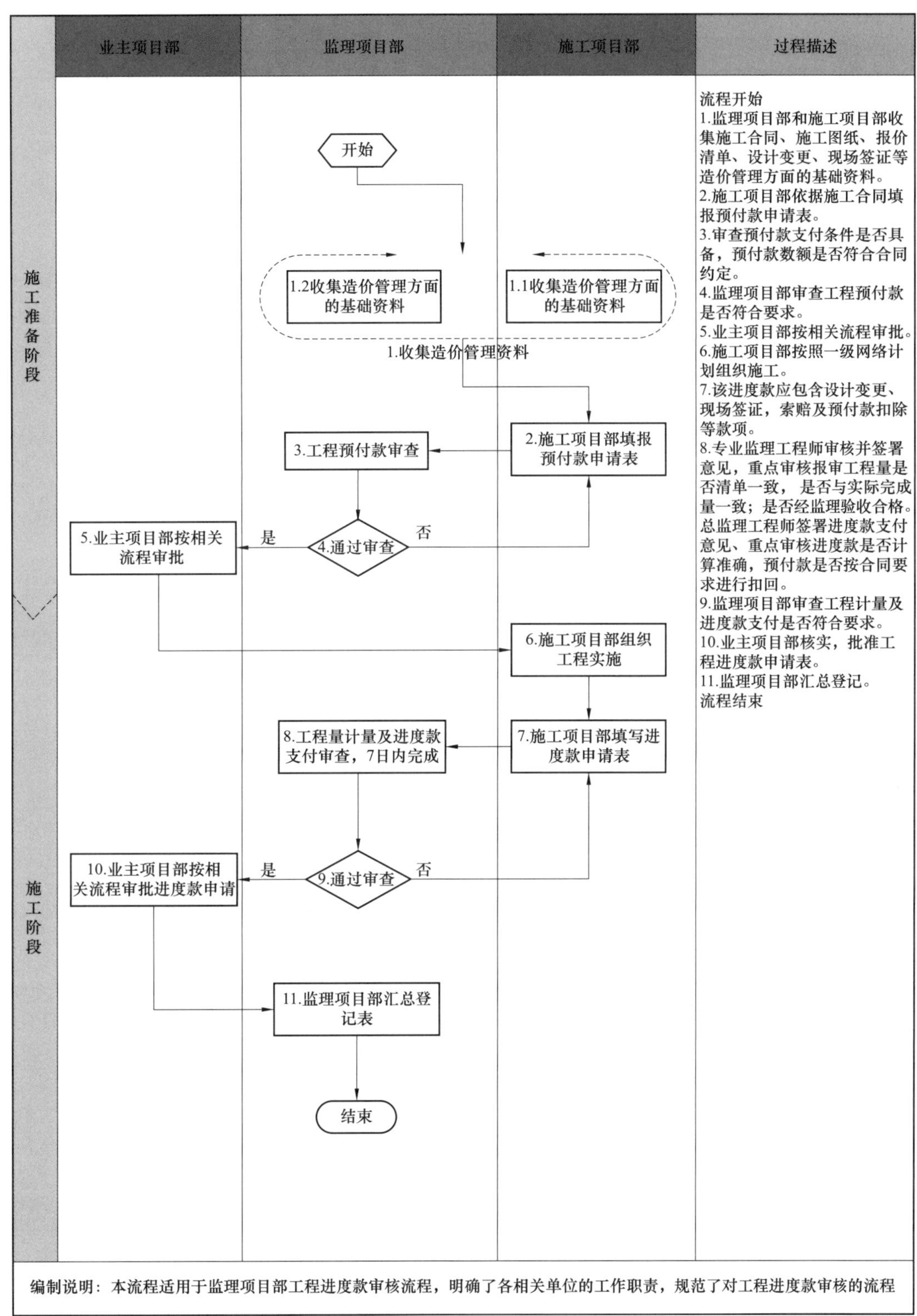

图 5-1 进度款审核流程图

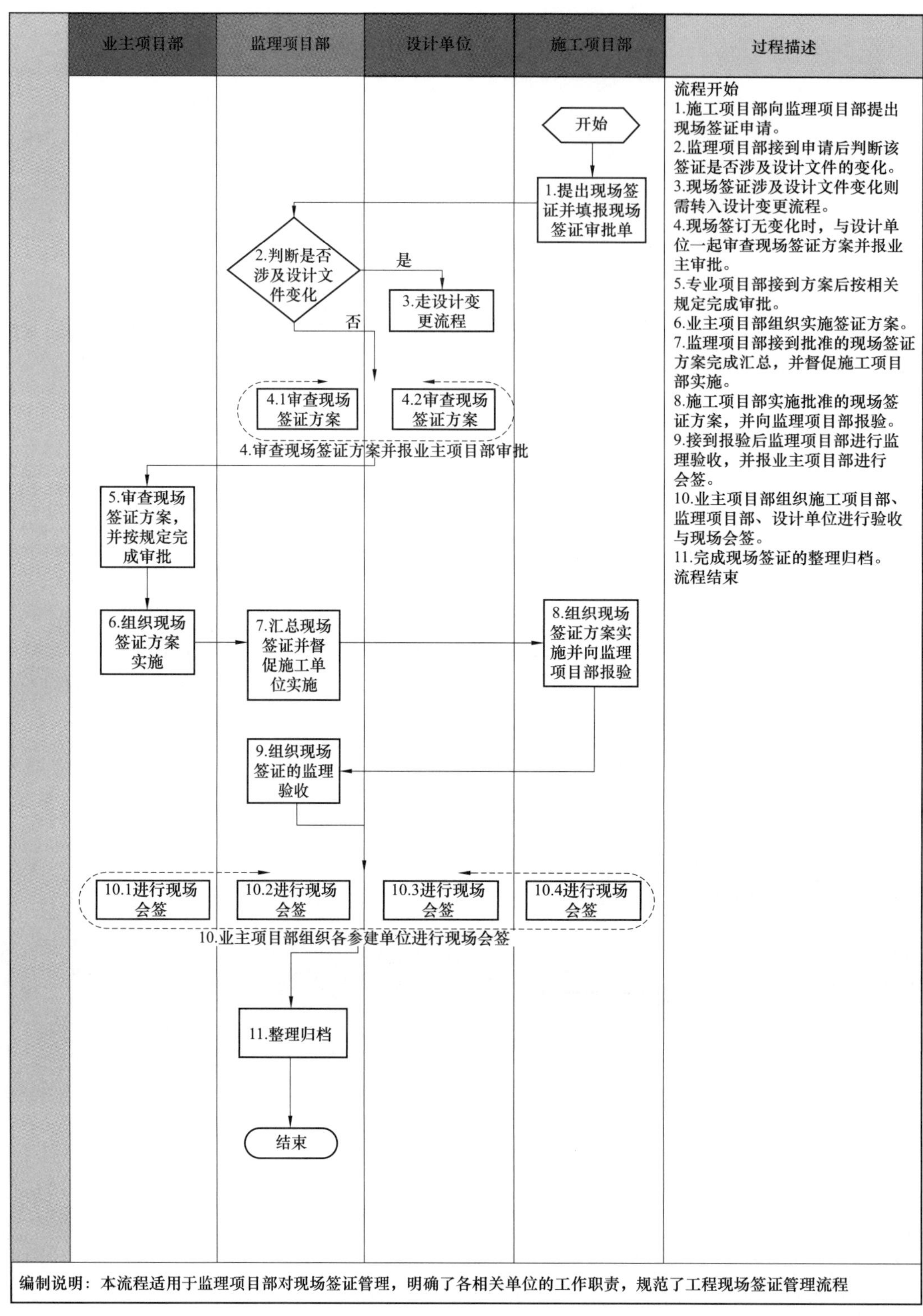
业主项目部
监理项目部
设计单位
施工项目部
过程描述
开始
1.提出现场签证并填报现场签证审批单
2.判断是否涉及设计文件变化
是
3.走设计变更流程
否
4.1审查现场签证方案
4.2审查现场签证方案
4.审查现场签证方案并报业主项目部审批
5.审查现场签证方案，并按规定完成审批
6.组织现场签证方案实施
7.汇总现场签证并督促施工单位实施
8.组织现场签证方案实施并向监理项目部报验
9.组织现场签证的监理验收
10.1进行现场会签
10.2进行现场会签
10.3进行现场会签
10.4进行现场会签
10.业主项目部组织各参建单位进行现场会签
11.整理归档
结束
流程开始
1.施工项目部向监理项目部提出现场签证申请。
2.监理项目部接到申请后判断该签证是否涉及设计文件的变化。
3.现场签证涉及设计文件变化则需转入设计变更流程。
4.现场签订无变化时，与设计单位一起审查现场签证方案并报业主审批。
5.专业项目部接到方案后按相关规定完成审批。
6.业主项目部组织实施签证方案。
7.监理项目部接到批准的现场签证方案完成汇总，并督促施工项目部实施。
8.施工项目部实施批准的现场签证方案，并向监理项目部报验。
9.接到报验后监理项目部进行监理验收，并报业主项目部进行会签。
10.业主项目部组织施工项目部、监理项目部、设计单位进行验收与现场会签。
11.完成现场签证的整理归档。
流程结束
编制说明：本流程适用于监理项目部对现场签证管理，明确了各相关单位的工作职责，规范了工程现场签证管理流程

图 5-2　现场签证流程图

6 技术管理

技术管理主要内容包括技术标准监督执行、设计监督管理、施工技术监督管理、新技术研究与应用、设计监理管理等。

6.1 管理工作内容与方法

6.1.1 技术标准监督执行

（1）掌握最新技术标准及规定，建立监理项目部技术标准目录清单，并及时更新，进行现场配置。填写监理项目部技术标准目录清单（见附录 C 中 JJS1）。

（2）根据工程进展，对所有监理人员适时组织有关技术标准、规程、规范及技术文件的学习与培训，填写质量 / 安全活动记录（见附录 C 中 JXM11*），使其熟练掌握技术标准。

（3）贯彻执行并督促其他参建单位执行国家、行业和国网公司颁发的相关技术标准、规程、规范及技术文件。

（4）收集技术标准执行中存在的问题、各标准间差异条款，提出修订意见，填写技术标准问题及标准间差异汇总表（见附录 C 中 JJS2）。

6.1.2 设计监督

（1）熟悉施工图纸，对施工图进行预检，汇总施工项目部施工图预检意见，形成施工图预检记录表（见附录 C 中 JJS3*）。

（2）参加由业主项目部组织的图纸会检、设计交底会议，起草施工图会检纪要（见附录 C 中 JJS4*），并报业主项目部签发，督促落实会议纪要的执行情况；由设计单位编写设计交底会议纪要，并报业主项目部签发。

（3）审核确认工程设计变更及现场签证的技术内容并督促落实，组织现场验收，签署设计变更执行报验单。

（4）审核并确认竣工图。

6.1.3 施工技术监督管理

（1）审查项目管理实施规划中的技术管理体系、特殊施工技术方案（措施），并报业主项目部审批；审批一般施工方案、作业指导书、技术措施等。发现问题填写文件审查记录表（见附录 C 中 JXM2*）。

（2）参加业主项目部组织的重大施工现场技术方案讨论会，提出监理意见和建议；参加业主项目部组织的技术专题会议，提出监理意见和建议。

（3）参与专项施工方案的安全技术交底。

（4）监督检查施工项目部对技术标准、项目管理实施规划及各种施工方案的执行情况。

6.2 工作流程

技术管理主要单项业务流程为技术方案审查流程，见图 6-1。

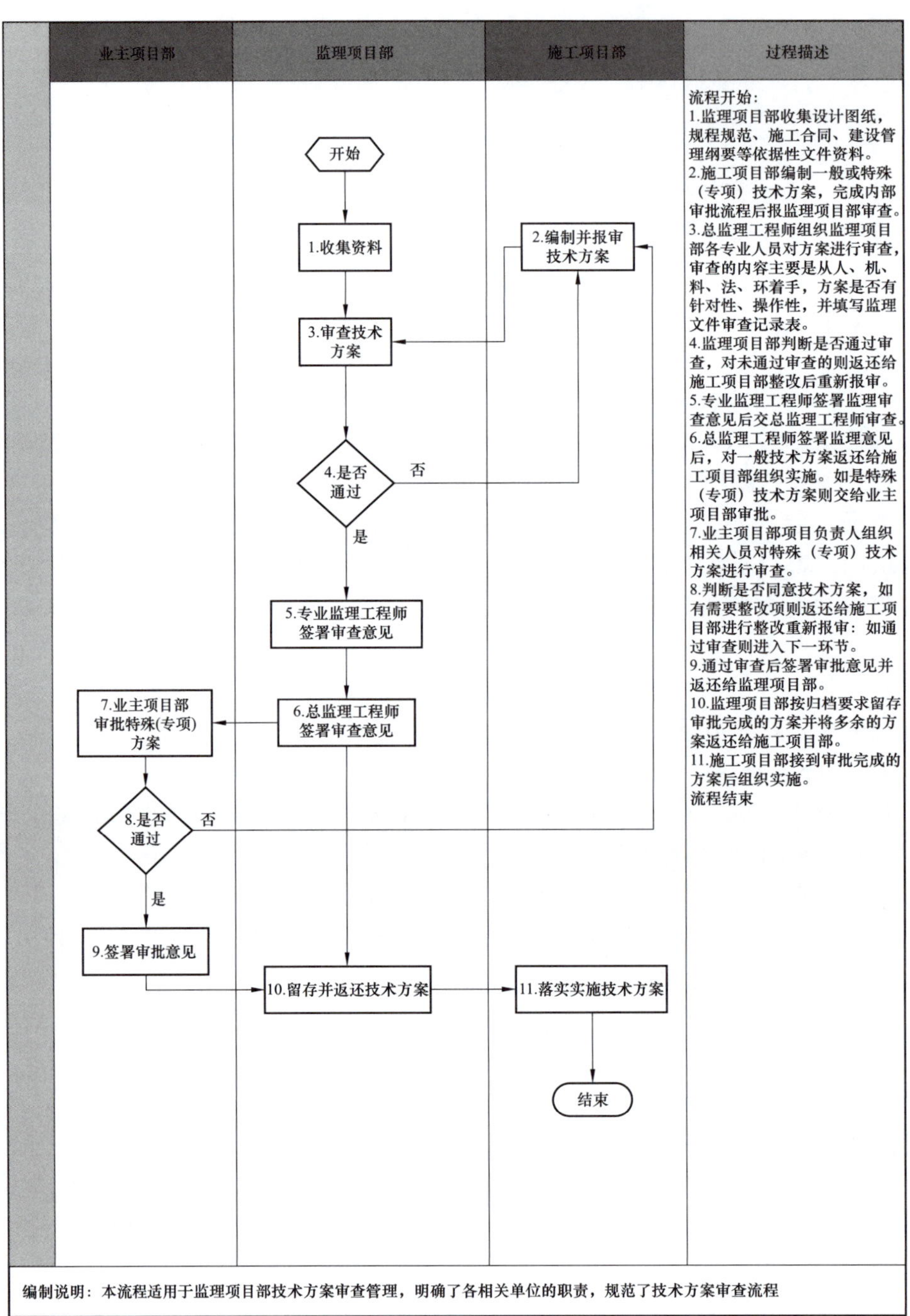

图 6-1　技术方案审查流程图

附录A　名词术语

1. 建设管理单位

建设管理单位是指受项目法人单位委托对电网项目进行建设管理的各级单位。

2. 业主项目部

项目业主是指项目的主人，对项目享有所有权。

3. 监理项目部

监理单位派驻电力建设工程项目负责履行委托监理合同的组织机构。

4. 总监理工程师

由工程监理单位法定代表人书面任命，负责履行建设工程监理合同、主持项目监理机构工作的注册监理工程师。

5. 监理规划

在监理单位与建设管理单位签订委托监理合同之后，由总监理工程师主持编制，经监理单位技术负责人书面批准，用来指导监理项目部全面开展监理工作的指导性文件。

6. 监理实施细则

根据批准的监理规划，由专业监理工程师编写，并经总监理工程师书面批准，针对工程项目中某一专业或某一方面监理工作的操作性文件。

7. 监理例会

在工程实施过程中，由监理项目部主持的，由有关单位参加的针对工程质量、造价、进度、合同管理及安全监理与环境保护等事宜定期召开的会议。

8. 设计变更

设计变更是指工程初步设计批复后至工程竣工投产期间内，因设计或非设计原因引起的对初步设计文件或施工图设计文件的改变。

9. 工程计量

根据设计文件及施工承包合同中关于工程量计算的规定，项目监理机构对承包单位申报的已完成的合格工程的工程量进行的核验。

10. 文件审查

监理人员依据国家有关的法律法规、规程规定以及国网公司相关管理制度，对施工项目部编制的报审文件进行审查并签署意见的监理活动。

11. 现场见证点

需要监理人员到现场进行见证和检查确认的控制点，如监理人员未能在约定的时间内到现场见证和监督，则承包单位有权进行该点的相应的工序操作和施工。

12. 旁站点

对于关键部位、关键工序、危险作业项目的施工或试验，要求进行旁站监理的控制点。

13. 停工待检点

必须在监理人员监督下进行并对结果进行确认的重要的工序节点、隐蔽工程、关键的试验验收点。

14. 旁站

监理人员对施工关键部位、关键工序、危险作业项目的施工全过程在现场跟班进行的检查活动。

15. 巡视

监理人员对正在施工的部位或工序在现场进行的定期或不定期的监督活动。

16. 平行检验

监理项目部利用一定的检查或检测手段，在施工项目部自检的基础上，按照一定的比例独立进行检查或检测的活动。

17. 费用索赔

根据承包合同的约定，合同一方因另一方原因造成本方经济损失，通过监理工程师向对方索取费用的活动。

18. 见证取样

为确保施工重要原材料及试块试件取样、送检过程严格规范，检查成果真实可靠，监理人员依据规范、标准等，对施工项目部按规定进行的材料取样、送检等工作进行的现场证明、签字确认等相关监理活动。

19. 安全监理

监理单位按照《建设工程安全生产管理条例》等有关法律法规和委托监理合同，对施工现场安全生产实施监督的活动。

20. 安全检查签证

监理人员依据安全规程、规定、标准等，对重要施工设施在投入使用前进行的安全性能检查签证和重大工序转接前进行的安全文明施工条件检查签证活动。

21. 风险识别

识别风险因素的存在并确定其特性的过程。风险识别首先要确定风险因素的存在，然后确定风险因素的性质，即应识别出不同作业活动或设备风险因素的种类与分布，以及伤害或产生损失的方式、途径和性质。

22. 风险评估

评估风险大小以及确定风险是否允许的全过程。

23. 风险管理

运用系统的观念和方法研究风险与环境之间的关系，运用安全系统工程的理念识别、评价、量化、分析风险，并在此基础上有效控制风险，用最经济合理的方法来综合处置风险，以实现最大安全保障和最经济的科学管理方法。

附录 B　监理项目部基本规范和标准的配置表

分类	序号	名　称	备　注
法律法规	1	《中华人民共和国合同法》	中华人民共和国主席令第 19 号
	2	《中华人民共和国招投标法》	中华人民共和国主席令第 21 号
	3	《中华人民共和国环境保护法》	中华人民共和国主席令第 9 号
	4	《中华人民共和国土地管理法》	中华人民共和国主席令第 28 号
	5	《中华人民共和国水土保持法》	中华人民共和国主席令第 39 号
	6	《中华人民共和国电力法》	中华人民共和国主席令第 60 号
	7	《中华人民共和国安全生产法》	中华人民共和国主席令第 13 号
	8	《中华人民共和国建筑法》	中华人民共和国主席令第 46 号
	9	《中华人民共和国水土保持法实施条例》	中华人民共和国国务院令第 120 号
	10	《建设项目环境保护条例》	中华人民共和国国务院令第 253 号
	11	《中华人民共和国土地管理法实施条例》	中华人民共和国国务院令第 256 号，2014 年 7 月 29 日修订版
	12	《建设工程质量管理条例》	中华人民共和国国务院令第 279 号
	13	《建设工程安全生产管理条例》	中华人民共和国国务院令第 393 号
	14	《生产安全事故报告和调查处理条例》	中华人民共和国国务院令第 493 号
	15	《建设项目用地预审管理办法》	中华人民共和国国土资源部令 第 42 号
	16	《建筑工程施工发包与承包计价管理办法》	中华人民共和国建设部令第 107 号
	17	《建设工程价款结算试行办法》	中华人民共和国建设部、财政部 财建〔2004〕369 号
	18	《建筑安装工程费用项目组成》	建标〔2013〕44 号
国家现行标准及文件	19	《建设工程项目管理规范》	GB/T 50326—2017
	20	《建设工程监理规范》	GB/T 50319—2013
	21	《城市电力规划规范》	GB/T 50293—2014
	22	《质量管理体系　基础和术语（idt ISO 9000：2008）》《质量管理体系　要求（idt ISO 9001：2008）》	GB/T 19000—2016、GB/T 19001—2016
	23	《供配电系统设计规范》	GB 50052—2009
	24	《3kV~110kV 高压配电装置设计规范》	GB 50060—2008

续表

分类	序号	名　　称	备　　注
国家现行标准及文件	25	《低压配电设计规范》	GB 50054—2011
	26	《20kV 及以下变电所设计规范》	GB 50053—2013
	27	《电力工程电缆设计规范》	GB 50217—2018
	28	《工程测量规范》	GB 50026—2007
	29	《湿陷性黄土地区建筑规范》	GB 50025—2004
	30	《钢筋混凝土用钢　第 1 部分：热轧光圆钢筋》	GB 1499.1—2017
	31	《钢筋混凝土用钢　第 2 部分：热轧带肋钢筋》	GB 1499.2—2018
	32	《通用硅酸盐水泥》	GB 175—2007/XG2—2015
	33	《土工试验方法标准（2007 版）》	GB/T 50123—1999
	34	《建筑用砂》	GB/T 14684—2011
	35	《普通混凝土力学性能试验方法标准》	GB/T 50081—2002
	36	《建设工程施工现场供用电安全规范》	GB 50194—2014
	37	《电气装置安装工程低压电器施工及验收规范》	GB 50254—2014
	38	《电气装置安装工程电气设备交接试验标准》	GB 50150—2016
	39	《电气装置安装工程电缆线路施工及验收规范》	GB 50168—2006
	40	《电气装置安装工程接地装置施工验收及规范》	GB 50169—2016
	41	《电气装置安装工程母线装置施工及验收规范》	GB 50149—2010
	42	《电气装置安装工程盘、柜及二次回路接线施工及验收规范》	GB 50171—2012
	43	《电气装置安装工程电力变压器、油浸电抗器、互感器施工及验收规范》	GB 50148—2010
	44	《电气装置安装工程 66kV 及以下架空电力线路施工及验收规范》	GB 50173—2014
	45	《架空配电线路带电安装及作业工具设备》	DL/T 858—2004
	46	《电力金具通用技术条件》	GB/T 2314—2008
	47	《低压系统内设备的绝缘配合　第 1 部分：原理、要求和试验》	GB/T 16935.1—2008
	48	《低压系统内设备的绝缘配合　第 2-1 部分：应用指南 GB/T 16935 系列应用解释，定尺示例及介电试验》	GB/T 16935.2—2013
	49	《低压系统内设备的绝缘配合　第 3 部分：利用涂层、灌封和模压进行防污保护》	GB/T 16935.3—2016
	50	《低压系统内设备的绝缘配合　第 4 部分：高频电压应力考虑事项》	GB/T 16935.4—2011
	51	《低压系统内设备的绝缘配合　第 5 部分：不超过 2mm 的电气间隙和爬电距离的确定方法》	GB/T 16935.5—2008
	52	《绝缘配合　第 1 部分：定义、原则和规则》	GB 311.1—2012
	53	《配电线路带电作业技术导则》	GB/T 18857—2008
	54	《输电线路铁塔制造技术条件》	GB/T 2694—2018
	55	《圆线同心绞架空导线》	GB/T 1179—2017
	56	《高压绝缘子瓷件技术条件》	GB/T 772—2005
	57	《建设工程量清单计价规范》	GB 50500—2013
	58	《农村电网改造升级工程验收指南》	国能综新能〔2013〕92 号
	59	《山东省中央预算内投资农村电网改造升级工程验收实施细则》	鲁发改能交〔2016〕765 号

续表

分类	序号	名　　称	备　　注
电力行业标准	60	《关于印发〈电力建设房屋工程质量通病防治工作规定〉的通知》	电建质监〔2004〕18 号
	61	《电力工程建设监理规范》	DL/T 5434—2009
	62	《城市电力网规划设计导则》	Q/GDW 156—2006
	63	《10kV 及以下架空线路设计技术导则》	DL/T 5220—2005
	64	《城市电力电缆线路设计技术规定》	DL/T 5221—2016
	65	《架空绝缘配电线路设计技术规程》	DL/T 601—1996
	66	《跨越电力线路架线施工规程》	DL 5106—2017
	67	《架空送电线路钢管杆设计技术规定》	DL/T 5130—2001
	68	《架空送电线路基础设计规定》	DL/T 5219—2014
	69	《建筑施工高处作业安全技术规范》	JGJ 80—2016
	70	《施工现场临时用电安全技术规范》	JGJ 46—2005
	71	《建筑工程冬期施工规程》	JGJ/T 104—2011
	72	《普通混凝土配合比设计规程》	JGJ 55—2011
	73	《电力工程地基处理技术规程》	DL/T 5024—2005
	74	《建筑地基处理技术规范》	JGJ 79—2012
	75	《钢筋焊接及验收规程》	JGJ 18—2012
	76	《普通混凝土用砂、石质量及检验方法标准》	JGJ 52—2006
	77	《混凝土用水标准》	JGJ 63—2006
	78	《回弹法检测混凝土抗压强度技术规程》	JGJ/T 23—2011
	79	《钢筋焊接接头试验方法标准》	JGJ/T 27—2014
	80	《交流电气装置的过电压保护和绝缘配合》	DL/T 620—1997
	81	《电气装置安装工程质量检验及评定规程》	DL/T 5161.1~5161.17—2002
	82	《电力建设安全工作规程　第 2 部分：电力线路》	DL 5009.2—2013
	83	《输变电工程架空导线（800mm^2 以下）及地线液压压接工艺规程》	DL/T 5285—2018
	84	《输变电钢管杆结构制造技术条件》	DL/T 646—2012
	85	《架空绝缘线路施工及验收规程》	DL/T 602—1996
	86	《电力电缆线路运行规程》	DL/T 1253—2013
	87	《配电自动化技术导则》	DL/T 1406—2015
	88	《架空输电线路钢管塔设计技术规定》	DL/T 5254—2010
	89	《电力建设工程量清单计价规范》	DL/T 5341—2016
国网公司现行标准及文件	90	《配电自动化主站系统功能规范》	Q/GDW 513—2010
	91	《配电自动化终端子站功能规范》	Q/GDW 514—2010
	92	《电网视频监控系统及接口　第 3 部分：工程验收》	Q/GDW 517.3—2012

续表

分类	序号	名　称	备　注
国网公司现行标准及文件	93	《配电网运行规程》	Q/GDW 1519—2014
	94	《10kV 架空配电线路带电作业管理规范》	Q/GDW 520—2010
	95	《电力光纤到户组网典型设计》	Q/GDW 541—2010
	96	《电力光纤到户运行管理规范》	Q/GDW 542—2010
	97	《电力光纤到户施工及验收规范》	Q/GDW 543—2010
	98	《地区电网自动电压控制（AVC）技术规范》	Q/GDW 619—2011
	99	《配电自动化建设与改造标准化设计技术规定》	Q/GDW 1625—2013
	100	《配电自动化系统运行维护管理规范》	Q/GDW 626—2011
	101	《配电网设备状态检修试验规程》	Q/GDW 643—2011
	102	《配电网设备状态检修导则》	Q/GDW 644—2011
	103	《配电网设备状态评价导则》	Q/GDW 645—2011
	104	《10kV 电缆线路不停电作业技术导则》	Q/GDW 710—2012
	105	《10kV 带电作业用绝缘防护用具、遮蔽用具技术导则》	Q/GDW 711—2012
	106	《10kV 带电作业用绝缘平台》	Q/GDW 712—2012
	107	《有载调容配电变压器选型导则》	Q/GDW 731—2012
	108	《电网快速暂态电压记录系统技术条件》	Q/GDW 732—2012
	109	《智能变电站网络报文记录及分析装置检测规范》	Q/GDW 733—2012
	110	《配电网技术改造选型和配置原则》	Q/GDW 741—2012
	111	《配电网施工检修工艺规范》	Q/GDW 742—2012
	112	《配电网技改大修技术规范》	Q/GDW 743—2012
	113	《配电网技改大修项目交接验收技术规范》	Q/GDW 744—2012
	114	《配电网设备缺陷分类标准》	Q/GDW 745—2012
	115	《变电设备状态接入控制器技术规范》	Q/GDW 749—2012
	116	《12kV 固体绝缘环网柜技术条件》	Q/GDW 730—2012
	117	《国家电网公司十八项电网重大反事故措施》	2018 修订版
	118	《国家电网公司带电作业工作管理规定（试行）》	国家电网生〔2007〕751 号
	119	《关于印发配电网运维与检修管理标准和工作标准的通知》	国家电网运检〔2012〕770 号
	120	《配电自动化试点建设与改造技术原则基本建设投资管理办法》	国网生配电〔2009〕196 号
	121	《关于印发〈10 千伏城市配电网技术改造指导意见〉的通知》	国网生配电〔2012〕9 号
	122	《国家电网公司安全工作规定》	国网（安监 /2）406—2014
	123	《电力生产事故调查规程》	国家电网安监〔2011〕2024 号
	124	《国家电网公司电力安全工器具管理规定》	国网（安监 /4）289—2014
	125	《国家电网公司安全技术劳动保护七项重点措施（试行）》	国家电网安监〔2006〕618 号
	126	《国家电网公司安全风险管理体系实施指导意见》	国家电网安监〔2007〕206 号
	127	《国家电网公司应急工作管理规定》	国网（安监 /2）483—2014
	128	《国家电网公司电力安全工作规程（配电部分）》	国家电网安质〔2014〕265 号

续表

分类	序号	名　　称	备　　注
国网公司现行标准及文件	129	《国家电网公司业务外包安全监督管理办法》	国网（安监 4）853—2017
	130	《国家电网公司关于进一步加强农网工程项目档案管理的意见》	国家电网办〔2016〕1039 号
	131	《国家电网公司关于印发电网设备技术标准差异条款统一意见的通知》	国家电网科〔2014〕315 号
	132	《国家电网公司技术标准管理办法》	国家电网科〔2007〕211 号
	133	《国家电网公司电力建设工程施工技术管理导则》	国家电网工〔2003〕153 号
	134	《国家电网公司电力建设起重机械安全监督管理办法》	国网（安监 /4）482—2014
	135	《国家电网公司农网改造升级工程管理办法》	国家电网企管〔2017〕205 号
	136	《国家电网公司农村用电安全工作管理办法》	国家电网企管〔2014〕216 号
	137	《国家电网公司总部定点扶贫工作管理办法》	国家电网企管〔2014〕216 号
	138	《国家电网公司安全隐患排查治理管理办法》	国网（安监 /3）481—2014
	139	《低压综合配电箱选型技术原则和检测技术规范》	Q/GDW 11221—2014
	140	《配电网低励磁阻抗变压器接地保护装置技术规范》	Q/GDW 11222—2014
	141	《分布式电源调度运行管理规范》	Q/GDW 11271—2014
	142	《国家电网公司关于印发 10kV 柱上变压器台典型设计方案（2015 版）》	Q/GDW 11272—2014
	143	《国家电网公司配电网工程典型设计（10kV 配电站房分册）》	2016 版
	144	《国家电网公司配电网工程典型设计（10kV 配电变台分册）》	2016 版
	145	《国家电网公司配电网工程典型设计（10kV 架空线路分册）》	2016 版
	146	《国家电网公司配电网工程典型设计（10kV 电缆分册）》	2016 版
	147	《国家电网公司配电网工程典型设计（机井通电工程分册）》	2016 版
	148	《带电作业用消弧开关导则》	Q/GDW 1738—2012
	149	《国家电网公司配电网优质工程评选管理办法》	国网（运检 /3）922—2018
	150	《国家电网公司配电网规划内容深度规定》	Q/GDW 1865—2012
	151	《10kV 三相非晶合金铁心配电变压器技术条件》	Q/GDW 1771—2013
	152	《10kV 三相非晶合金铁心配电变压器试验导则》	Q/GDW 1772—2013
	153	《10kV 带电作业用消弧开关技术条件》	Q/GDW 1811—2013
	154	《10kV 旁路电缆连接器使用导则》	Q/GDW 1812—2013
	155	《配电网架空绝缘线路雷击断线防护导则》	Q/GDW 1813—2013
	156	《电力电缆线路分布式光纤测温系统技术规范》	Q/GDW 1814—2013
	157	《储能系统接入配电网运行控制规范》	Q/GDW 696—2011
	158	《储能系统接入配电网监控系统功能规范》	Q/GDW 697—2011
	159	《分布式电源接入配电网测试技术规范》	Q/GDW 666—2011
	160	《分布式电源接入配电网运行控制规范》	Q/GDW 667—2011
	161	《配电自动化终端设备检测规程》	Q / GDW 639—2011

续表

分类	序号	名　称	备　注
国网山东电力现行标准及文件	162	《10kV 配电变压器选型指导意见》	鲁电运检〔2015〕874 号
	163	《配网设备选型和配置原则》	鲁电运检〔2016〕50 号
	164	《山东省电力公司中低压配电网工程标准工艺》	中国电力出版社（2015 年）
	165	《山东省电力公司中低压配电网工程装置性违章及解析》	中国电力出版社（2016 年）
	166	《山东省电力公司配电网工程施工技术交底手册》	中国电力出版社（2016 年）
	167	《国网山东省电力公司中低压配电网工程管理办法》	鲁电企管〔2016〕199 号
	168	《国网山东省电力公司关于规范资产处置管理的指导意见》	鲁电财〔2015〕418 号
	169	《国网山东省电力公司电网实物资产退役管理实施细则》	鲁电企管〔2015〕283 号

附录 C　监理项目部标准化管理模板

C1　监理项目部设置部分

JSZ1*：监理项目部成立及总监理工程师任命

关于成立______工程监理项目部及______任职的通知

公司各部门：

根据工程建设监理工作的需要，经研究决定：

成立__________工程监理项目部，任命_______为总监理工程师，负责履行本工程监理合同，主持项目监理机构工作。并正式启用“______________________”印章。

法定代表人：（签字或签章）
监 理 单 位：（盖公章）
日　　　期：____年__月__日

抄送：（业主项目部）

注　应以文件形式成立，并经法定代表人签字或签章。本模板为推荐格式。

C2 项目管理部分

JXM1*：工程开工令

工程开工令

工程名称： 编号：

致：________________（施工项目部） 经审查，本工程已具备施工合同约定的开工条件，现同意你方开始施工，开工日期为：____年__月__日。 附件：开工报审表   监理项目部（章） 总监理工程师：________ 日　期：____年__月__日

注　本表一式____份，由监理项目部填写，业主项目部、施工项目部各存一份，监理项目部存____份。

JXM2*：文件审查记录表

文件审查记录表

工程名称：　　　　　　　　　　　　　　　　　　　　　　　　　　　　　　编号：

<table>
<tr><td>文件名称</td><td colspan="3">（写文件全称）</td></tr>
<tr><td>送审单位</td><td colspan="3">（文件编制单位）</td></tr>
<tr><td>序号</td><td colspan="2">监理项目部审查意见</td><td>施工项目部反馈意见</td></tr>
<tr><td></td><td colspan="2"></td><td></td></tr>
<tr><td></td><td colspan="2"></td><td></td></tr>
<tr><td></td><td colspan="2"></td><td></td></tr>
<tr><td></td><td colspan="2"></td><td></td></tr>
<tr><td></td><td colspan="2"></td><td></td></tr>
<tr><td></td><td colspan="2"></td><td></td></tr>
<tr><td></td><td colspan="2"></td><td></td></tr>
<tr><td></td><td colspan="2"></td><td></td></tr>
<tr><td colspan="3">总监理工程师：________
日　　期：___年___月___日</td><td>项目经理：________
日　　期：___年___月___日</td></tr>
<tr><td>监理复查意见</td><td colspan="3">总监理工程师：________
日　　期：___年___月___日</td></tr>
</table>

注　1. 施工项目部按监理的审查意见逐条回复，采纳监理意见应说明具体修改部位，不采纳时应说明原因。
2. 本表一式两份，监理、施工项目部各存 1 份。

JXM3*：监理策划文件报审表

监理策划文件报审表

工程名称：　　　　　　　　　　　　　　　　　　　　　　　　　　　编号：

<table>
<tr><td>致________________________（业主项目部）：
　　我方已完成__________的编制，并已履行我公司内部审批手续，请审批。
　　附件：监理策划文件

监理项目部（章）：
总监理工程师：__________
日　　期：____年____月____日</td></tr>
<tr><td>业主项目部审批意见：

业主项目部（章）：
项目经理：__________
日　　期：____年____月____日</td></tr>
</table>

注　本表一式____份，由监理项目部填写，业主项目部存一份、监理项目部存____份。

JXM4*：监理规划

______________配电网工程

监 理 规 划

批准（公司技术负责人）____年____月____日

审核（公司职能部门）____年____月____日

编制（总监理工程师）____年____月____日

（监理公司名称）

（加盖监理公司公章）

________年____月

目　录

JXM5*：工程复工令

工程复工令

工程名称：

<table>
<tr><td>
致：____________（施工项目部）
我方发出的编号为____________《工程暂停令》，要求暂停施工的____________部分（工序），经查已具备复工条件。经业主项目部同意，现通知你方于____年____月____日____时起恢复施工。
附件：证明文件资料

监理项目部（章）
总监理工程师：____________
日　　期：____年____月____日
</td></tr>
</table>

注　本表一式三份，监理项目部、施工项目部和业主项目部各一份。

JXM6*：监理工作联系单

监理工作联系单

工程名称：　　　　　　　　　　　　　　　　　　　　　　　　　　　　编号：

<table>
<tr><td>致：
　　事由

　　内容

监理项目部（章）
总 / 专业监理工程师：________
日　　期：____年____月____日</td></tr>
</table>

注　本表一式____份，由监理项目部填写，业主项目部、施工项目部各一份，监理项目部存____份。

JXM7*：监理通知单

监理通知单

工程名称：　　　　　　　　　　　　　　　　　　　　　　　　　　　　　　编号：

致：
事由 内容   监理项目部（章） 总 / 专业监理工程师：＿＿＿＿ 日　期：＿＿年＿＿月＿＿日

注　本表一式＿＿份，由监理项目部填写，业主项目部、施工项目部各一份，监理项目部存＿＿份。

JXM8*：会议纪要及会议签到表

会议纪要

编号：
签发：

工程名称：

<table>
<tr><td>会议地点</td><td></td><td>会议时间</td><td></td></tr>
<tr><td>会议主持人</td><td colspan="3"></td></tr>
<tr><td colspan="4">会议主题：</td></tr>
<tr><td colspan="4">上次会议问题落实情况：</td></tr>
<tr><td colspan="4">会议内容：</td></tr>
<tr><td>主送单位</td><td colspan="3"></td></tr>
<tr><td>抄送单位</td><td colspan="3"></td></tr>
<tr><td>发文单位</td><td></td><td>发文时间</td><td></td></tr>
</table>

注 会议纪要由监理项目部起草，经总监理工程师签发后下发。

________会议签到表

姓　名	工作单位	职务 / 职称	电　　话

JXM9*：工程暂停令

工程暂停令

工程名称：　　　　　　　　　　　　　　　　　　　　　　　　　　　　编号：

<table>
<tr><td>致________________（施工项目部）
由于________________原因，现通知你方必须与_____年___月___日_____时起，对本工程的_____部位（工序）实施暂停施工，并按下述要求做好各项工作：

监理项目部（章）：
总监理工程师：______________
日　　期：____年___月___日</td></tr>
<tr><td>业主项目部意见：

业主项目部（章）：
项目经理：______________
日　　期：____年___月___日</td></tr>
</table>

注　本表一式___份，由监理单位填写，业主项目部、施工项目部各存一份，监理项目部存___份。

JXM10：监理报告

监理报告

工程名称：

<table>
<tr><td>
致：______________（主管部门）
由______________（施工单位）施工的______________（工程部位），存在安全事故隐患。我方已于____年____月____日发出编号为______的《监理通知单》/《工程暂停令》，但施工单位未整改/停工。
特此报告。
附件：□监理通知单
□工程暂停令
□其他

监理项目部（章）
总监理工程师：______________
日　　期：____年____月____日
</td></tr>
</table>

注　本表一式四份，主管部门、业主项目部、工程监理单位、项目监理机构各一份。

JXM11*：质量/安全活动记录

质量/安全活动记录

工程名称：　　　　　　　　　　　　　　　　　　　　　　　　　　编号：

活动时间	
活动地点	
主持（交底）人	
内容：	
参加人（签字）	

注　本表适用监理人员内部分工、交底、培训记录，监理项目部自存。

JXM12：文件收发记录表

文件收发记录表

工程名称：　　　　　　　　　　　　　　　　　　　　　　　　编号：

序号	文件名称及编号	文件来源 / 类别	接收	发　放		
			接收人 / 日期	领取单位	份数	领取人 / 日期

注　本表由监理项目部填写，监理项目部自存。

JXM13*：监理检查记录表

监理检查记录表

工程名称：　　　　　　　　　　　　　　　　　　　　　　　　　　　　编号：

施工单位		监理单位	
检查时间		检查地点	
检查类型	□巡视　　□定期　　□专项		
施工及检查情况简述			
存在问题			
整改要求			
检查人		施工项目部签收人 / 日期	
整改情况	整改负责人：　　日期		
复查意见	复查人：　　日期		

注　1. 如存在问题已签发监理通知单，“整改要求”中应注明监理通知单的编号，“整改情况”和“复检意见”可不填写。
2. 施工单位填写整改情况时，应对照问题逐一描述。
3. 定期、专项检查时可根据需要附检查纲要。

JXM14*：监理日志

监 理 日 志

工程名称：

本册编号：

填 写 人：

专　业：

监理项目部：

起止日期：____年__月__日至____年__月__日

监理日志

第　页共　页

年　月　日 星期：	天气：白天 　　　夜间	气温：最高　℃ 　　　最低　℃
工作内容、遇到问题及其处理：		

注　1. 本表由专业监理工程师汇总填写，填写的主要内容包括：

（1）天气和施工环境情况。

（2）当日施工进展情况。

（3）当日监理工作情况，包括旁站、巡视、见证取样、平行检验等情况。

（4）当日存在的问题及处理情况。

（5）其他有关事项。

2. 在填写本表时，内容必须真实，力求详细。须使用蓝黑或碳素钢笔填写，字迹工整、文句通顺。
3. 每册监理日记的最后一页应留给总监理工程师填写审核、评价意见。
4. 本表式为推荐表式，各监理单位可根据自己的管理体系设计本单位的监理日志表式，但应包括本表式要求的主要内容。

JXM15*：监理月报

编号：

监 理 月 报

工程名称：____________

______年____月 第______期

总监理工程师：____________

监理项目部（章）：

报告日期：______年____月____日

目　录

JXM16：监理工作总结

____________配电网工程

监理工作总结

（监理公司名称）

（加盖监理公司公章）

______年____月

批准:（分管领导）　　　　____年____月____日

审核:（公司职能部门）　　____年____月____日

编写:（总监理工程师）　　____年____月____日

目　录

JXM17：监理人员岗前培训统计表

监理人员岗前培训统计表

监理项目部：　　　　　　　　　　　　　　　　　　年　月　日

序号	姓名	专业	培训内容	培训时间	培训评价或考试成绩	备注

填表人：　　　　　　　　　　　　　　　　　　总监理工程师：

C3 安全管理部分

JAQ1：安全旁站监理记录表

安全旁站监理记录表

工程名称：　　　　　　　　　　　　　　　　　　　　　　　　　　　　编号：

<table>
<tr><td colspan="2">现场工作内容</td><td colspan="3"></td></tr>
<tr><td colspan="2">作业地点</td><td colspan="3"></td></tr>
<tr><td colspan="2">作业项目
主要危险分析</td><td colspan="3">（分析本作业存在的主要危险点及可能造成的危害）</td></tr>
<tr><td rowspan="3">施工
现场
安全
文明
施工
评价</td><td>组织
管理</td><td colspan="3">（描述现场人员配置及到岗到位、工作票签发及安全技术交底情况等）</td></tr>
<tr><td>平面
布置</td><td colspan="3">（描述施工作业区平面布置总体情况，各类施工机械、工器具、危险品库等的设置是否符合安全文明施工标准化管理规定的要求）</td></tr>
<tr><td>安全
措施</td><td colspan="3">（安全防护用品和安全设施的投入、使用情况，重点核对安全保证措施的执行情况）</td></tr>
<tr><td rowspan="2">现场主要
问题</td><td colspan="2">（现场出现的各类违反安全文明施工管理的现象以及各类事故隐患等）</td><td rowspan="2">监理
有关
措施</td><td>（针对现场情况，提出的监理指）</td></tr>
<tr><td colspan="2">整改结果：</td><td>复验意见：</td></tr>
<tr><td rowspan="2">旁站
时间</td><td>开始</td><td>年　月　日　时　分</td><td rowspan="2">对应
作业</td><td>（开始旁站时现场作业状况）</td></tr>
<tr><td>结束</td><td>年　月　日　时　分</td><td>（结束旁站时现场作业状况）</td></tr>
</table>

旁站监理人员（签名）：　　　　　　　　　　　　　　作业负责人（签名）：

注　1. 记录由旁站监理人员填写。

2.“施工现场安全文明施工评价”中的三项工作各工程可结合本项目的特点和控制要求，在相关工作实施前对表格中的具体内容进行固化，宜采用勾选或填空的方式形成旁站记录，但应力求全面，避免漏项。

C4　质量管理部分

JZL1*：监理实施细则

______________配电网工程

专业监理实施细则

批准（总监理工程师）____________________ ____年____月____日

审核（总监理工程师代表或专业监理工程师）____ ____年____月____日

编制（专业监理工程师）____________________ ____年____月____日

____________监理项目部

（加盖监理项目部章）

____年____月

目　录

编写说明：

1. 监理项目部应结合工程特点、施工环境、施工工艺等编制专业监理实施细则，明确监理工作要点、监理工作流程、监理工作方法及措施，达到规范和指导监理工作的目的。

2. 监理实施细则可随工程进展编制，但应在相应工程开始施工前完成，并经总监理工程师审批后实施。

3. 监理实施细则可根据建设工程实际情况及监理项目部工作需要增加其他内容。

4. 当工程发生变化导致原监理实施细则所确定的工作流程、方法和措施需要调整时，专业监理工程师应对监理实施细则进行补充、修改。

JZL2*：设备材料开箱检查记录表

设备材料开箱检查记录表

编号：

工程名称		开箱日期	
产品来源		合同号	
产品名称		合同数量	
型号规格		到货数量	
制造厂商		总箱（件）数	
厂商国别		到货时间	
唛头号		存放地点	

检查内容	检　查　结　果	
外包装		缺件登记：
外观检查		
铭牌核对		
型号核对		

文件资料名称	检查结果	份数	接收人	日期	结论
质保书或合格证	□有　□无　□不需要				□齐全　□不齐全
原产地证书	□有　□无　□不需要				□齐全　□不齐全
装箱清单	□有　□无　□不需要				□齐全　□不齐全
出厂试验报告	□有　□无　□不需要				□齐全　□不齐全
安装使用说明书	□有　□无　□不需要				□齐全　□不齐全
安装图纸及资料	□有　□无　□不需要				□齐全　□不齐全
备品备件	□有　□无　□不需要				□齐全　□不齐全

开箱检查结论： 开箱负责人（签字）：　　　　日期：
处理意见： 开箱负责人（签字）：　　　　日期：
参加开箱单位及人员签字：

注 1. 设备材料开箱检查由监理项目部组织，开箱负责人由总监理工程师 / 专业监理工程师担任。

2. 本表一式____份，由施工项目部填报，业主项目部、监理项目部各____份，施工项目部存____份。

JZL3*：旁站监理记录表

旁站监理记录表

工程名称：　　　　　　　　　　　　　　　　　　　　　　　　　　　　编号：

日期及天气：	施工单位：
旁站监理的部位或工序：	
旁站监理开始时间：	旁站监理结束时间：
旁站的关键部位、关键工序施工情况：	
发现的问题及处理情况：	
旁站监理人员（签字）：	____年__月__日

注　1. 本表由监理工作人员填写。监理项目部可根据工程实际情况在策划阶段对“旁站的关键部位、关键工序施工情况”进行细化，可细化成有固定内容的填空或判断填写方式，方便现场操作。但表格整体格式不得变动。

2. 如监理人员发现问题性质严重，应在记录旁站监理表后，发出监理工程师通知单要求施工项目部进行整改。

3. 本表一式一份，监理项目部留存。

JZL4*：监理初检报告

____________配电网工程

监理初检报告

________监理项目部

（加盖监理项目部章）

_____年___月

<table>
<tr><td colspan="4">一、检验概况</td></tr>
<tr><td>工程名称</td><td colspan="3"></td></tr>
<tr><td>验
评
依
据</td><td colspan="3"></td></tr>
<tr><td colspan="4">二、工程概况</td></tr>
<tr><td>业主项目部</td><td colspan="3"></td></tr>
<tr><td>设计单位</td><td></td><td>监理单位</td><td></td></tr>
<tr><td>施工项目部</td><td></td><td>运行单位</td><td></td></tr>
<tr><td colspan="4">（工程规模概况）</td></tr>
</table>

续表

<table>
<tr><td colspan="2">三、综合评价</td></tr>
<tr><td>质量体系及实施情况</td><td></td></tr>
<tr><td>主要技术资料检查情况</td><td></td></tr>
<tr><td>工程重点抽查情况</td><td></td></tr>
<tr><td colspan="2">四、主要改进建议</td></tr>
<tr><td colspan="2">五、结论</td></tr>
<tr><td colspan="2">验收负责人（签字）：　　　　　　日　期：____年____月____日</td></tr>
</table>

JZL5*：报验申请单

报验申请单

工程名称：　　　　　　　　　　　　　　　　　　　　　　　　　　　　　　　　　编号：

<table>
<tr><td>致：＿＿＿＿＿＿＿＿＿（业主项目部）
由我公司监理的＿＿＿＿工程从＿＿年＿＿月＿＿日开工至＿＿年＿＿月＿＿日，工程具备＿＿＿＿阶段（中间验收条件□ 全部竣工验收条件□），特申请验收。
附件 1：监理初检报告
附件 2：施工单位质量专检报告

监理项目部（章）
总监理工程师：＿＿＿＿＿＿
日　　期：＿＿年＿＿月＿＿日</td></tr>
<tr><td>业主项目部验收意见：

业主项目部（章）
项目经理：＿＿＿＿＿＿
日　　期：＿＿年＿＿月＿＿日</td></tr>
</table>

注　1. 竣工验收工程经过施工项目部三级检查验收、监理初检，所检查项目全部符合设计及国家现行标准要求。
2. 本表一式＿＿份，由监理项目部填报，业主项目部一份，监理项目部存＿＿份。

JZL6：质量评估报告

____________配电网工程

质量评估报告

批准：（公司技术负责人）　　　　　　______年____月____日

审核：（公司职能部门）　　　　　　______年____月____日

编写：（总监理工程师）　　　　　　______年____月____日

（监理公司名称）

（加盖监理公司公章）

______年____月

目　录

C5 造价管理部分

JZJ1：工程监理费付款报审表

工程监理费付款报审表

工程名称：　　　　　　　　　　　　　　　　　　　　　　　　　　　　编号：

<table>
<tr><td>致：________________________（业主项目部）
根据______________________合同约定，现申请支付______万元费用共计______万元，占合同金额的______%。
截至本次付款前，我单位累计已收到款项______万元，占合同金额的______%。
请予审核。
附件：监理费付款计算表

监理项目部（章）
总监理工程师：__________
日　　期：____年____月____日</td></tr>
<tr><td>业主项目部审批意见：

业主项目部（章）
项目经理：__________
日　　期：____年____月____日</td></tr>
</table>

注　本表一式____份，由监理项目部填写，业主项目部存一份，监理项目部存____份。

JZJ2：设计变更联系单

设计变更联系单

工程名称：　　　　　　　　　　　　　　　　　　　　　　　　　　　　编号：

<table>
<tr><td>
致：______________（设计单位）
由于____
____
原因，兹提出______________________________________等设计变更建议，请予以审核。
附件：变更方案等相关附件

负 责 人：签　字
提出单位：盖　章
日　　期：____年____月____日
</td></tr>
</table>

注 1. 本表由监理项目部统一编号后发送设计单位，作为设计变更联系单的唯一通用表单。

2. 本表仅用于向设计单位提出非设计原因引起的设计变更，作为设计变更审批单的附件。

3. 本表一式五份（施工、设计、监理、业主项目部各一份，业主项目部存档一份）。

JZJ3：设计变更/现场签证汇总表

设计变更/现场签证汇总表

工程名称： 编号：

序号	设计变更/现场签证编号	专业	接收日期	接收人	费用
费用合计					

注 本表由监理项目部填写，业主项目部、监理项目部各一份。

C6　技术管理部分

JJS1：监理项目部技术标准目录清单

监理项目部技术标准目录清单

工程名称：　　　　　　　　　　　　　　　　　　　　　　　　　　第　页　共　页

序号	文件编号	文件名称	说明

JJS2：技术标准问题及标准间差异汇总表

技术标准问题及标准间差异汇总表

工程名称：

序号	标准名称			
	条款	原文内容	问题及差异	建　议

监理项目部（章）
专业监理工程：
总监理工程师：
日　　　　期：

注　本表由监理项目部编制，汇总后向业主项目部报送。

JJS3*：施工图预检记录表

施工图预检记录表

工程名称： 编号：

图纸名称：		
序号	预检记录	设计处理意见
参与人员签名： 日 期：____年____月____日		

注 1. 该表格用于监理项目部对施工图的预检。

2. 图纸名称填写每一次预检审查图纸名称及相应的卷册号，不需一册一份记录。

3. 对于设计中有不符合规范要求的，应于注明。

4. 在施工图会检和交底前将该记录提供业主项目部。

5. 对监理项目部提出的建议和意见进行跟踪，会检纪要中明确的内容在备注中说明。

JJS4*：施工图会检纪要

施工图会检纪要

编号：

工程名称： 签发：

<table>
<tr><td>会议地点</td><td></td><td>会议时间</td><td></td></tr>
<tr><td>会议主持人</td><td colspan="3"></td></tr>
<tr><td colspan="4">会检图册：</td></tr>
<tr><td colspan="4">本次会议内容：</td></tr>
<tr><td>会签意见：

业主项目部（章）
项目经理：</td><td>会签意见：

监理项目部（章）
总监理工程师：</td><td>会签意见：

设计单位（章）
设总：</td><td>会签意见：

施工项目部（章）
项目经理：</td></tr>
</table>

注 会检纪要由监理项目部起草，经项目负责人签发后执行。

附录 D　监理需到位监督的作业工序及部位一览表

序号	项目类型	施工内容	需到位监督项目（包括但不限于）
1	10kV 及 0.4kV 架空线路	基础	基础混凝土浇筑，底盘、卡盘安装
		立杆	水泥杆、钢管杆吊装、组立
		架线	导线连接、金具安装
		防雷接地	接地敷设、避雷装置安装
2	10kV 及 0.4kV 电缆线路	直埋电缆	电缆埋设、连接，电缆头制作、试验
		排管敷设	电缆敷设、连接，电缆头制作、试验
		沟道、隧道敷设	电缆敷设、连接，电缆头制作、试验，接地
		水下敷设	电缆敷设、连接，电缆头制作、试验
3	台区	配电室	土建：混凝土浇筑，屋面防水施工等。 电气：变压器、开关柜安装
		柱上变压器	柱上变压器安装，引线安装，接地敷设
		箱式变压器（环网柜）	箱式变压器（环网柜）安装
		架空线路	同 10kV 及 0.4kV 架空线路
		电缆线路	同 10kV 及 0.4kV 电缆线路
4	低压接户线及集表箱	接户线及集表箱	接户线安装、接线
配电网工程开工、竣工监理应到场监督			

附录 E　监理旁站项目清单
（包括但不限于）

1. 配电网工程质量旁站

（1）基础阶段：终端、大转角杆塔、四回及以上的直线杆塔基础混凝土浇筑、电缆沟（井）浇筑，重要的变压器及建筑物基础混凝土浇筑；

（2）立塔阶段：重要的杆塔接地焊接及敷设；

（3）架线阶段：导线机械压接；

（4）电气安装工程：变压器、环网柜设备安装、试验，高压电缆头及中间接头制作、试验等。配电站房、台架接地焊接及敷设。

2. 配电网工程安全旁站

（1）基础阶段：高边坡及深坑基础开挖和支护、电缆沟（井）开挖（超过 3m 时），易坍塌等特殊基础开挖、支护，基坑开挖放炮等；

（2）杆塔组立阶段：终端、大转角、四回及以上杆塔组立，临近带电体施工，人车流量较大地段、特殊地形杆塔组立；

（3）架线阶段：带电搭设或拆除跨越架（架体平齐带电线路至封顶阶段），导引绳通过铁路、高速公路、不停电跨越架及通航江河等；

（4）安装工程：重要的电气设备送电前试验，高压带电作业及临近高压带体作业等；

（5）起重作业：移动式起重机临近带电体作业等。

附录 F　监理项目部悬挂的标识及各项管理制度

序号	标识名称	规格型号	单位	数量	材料选用	备注	样板（示例）
1	监理项目部铭牌	400mm × 600mm	块	1	薄框铝合金焗漆丝印	项目部办公室大门外侧悬挂监理项目部铭牌。铭牌应清晰、简洁	XXXX公司 XX配电网工程 监理项目部
2	监理项目部组织机构图	800mm × 1200mm	块	1	内容采用黑体字，图牌设置离地高度1.5m	组织机构图应包括监理项目部各岗位名称、人员名称	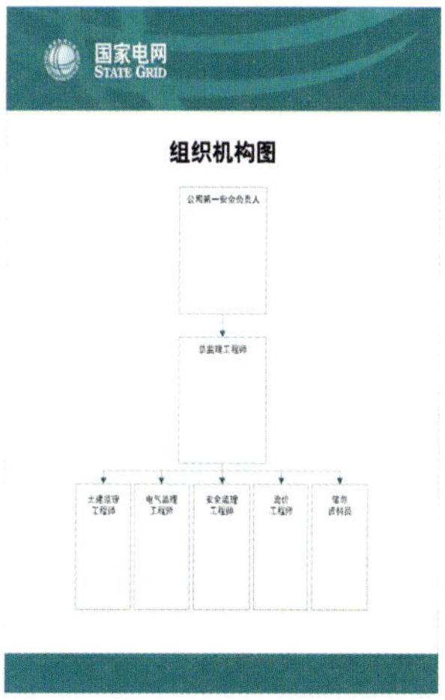 国家电网 STATE GRID 组织机构图
3	监理项目部职责及各岗位职责	800mm × 1200mm	块	1	内容采用黑体字，图牌设置离地高度1.5m	包含监理项目部职责及各岗位职责，每个岗位职责1个图板	 国家电网 STATE GRID 监理项目部职责

续表

序号	标识名称	规格型号	单位	数量	材料选用	备注	样板（示例）
4	总监岗位职责	800mm×1200mm	块	1	内容采用黑体字，图牌设置离地高度1.5m		国家电网 STATE GRID 总监理工程师岗位职责 总监理工程师是监理单位履行工程监理合同的全权代表，全面负责建设工程监理实施工作。 一、确定项目监理机构人员及其岗位职责。 二、组织编制监理规划。 三、根据工程进展及监理工作情况调配监理人员，检查监理人员工作。 四、组织召开监理例会。 五、组织审核分包单位资格。 六、组织审查施工项目管理实施规划（施工组织设计）、（专项）施工方案。 七、审查开复工报审表，签发工程开工令、暂停令。 八、组织检查施工单位现场质量、安全生产管理体系的建立及运行情况。 九、组织审核施工单位的付款申请，参与竣工结算。 十、组织审查和处理设计变更。 十一、调解建设管理单位与施工单位的合同争议，处理工程索赔。 十二、组织验收审查单位工程质量检验资料。 十三、审查施工单位的竣工申请，组织工程监理初检，组织编写工程质量评估报告，参与工程竣工验收。 十四、参与或配合工程质量安全事故的调查和处理。 十五、组织编写监理工作总结，组织整理监理文件资料。
5	安全监理岗位职责	800mm×1200m	块	1	内容采用黑体字，图牌设置离地高度1.5m		国家电网 STATE GRID 安全监理工程师岗位职责 一、在总监理工程师的领导下负责工程建设项目安全监理的日常工作 二、协助总监理工程师做好安全监理策划工作。 三、审查施工单位、分包单位的安全资质，审查项目经理、专职安全人员的上岗资格， 并在过程中检查其持证上岗情况。 四、参加项目管理实施规划和专项安全技术方案的审查。 五、审查施工项目部安全风险清册，督促做好施工安全风险预控。 六、参与专项施工方案的安全技术交底，监督检查作业项目安全技术。 七、组织或参加安全例会和安全检查，督促并跟踪存在问题整改闭环隐患及时制止并向总监理工程师报告。 八、审查安全费用的使用。 九、协调交叉作业和工序交接中安全文明施工措施的落实。 十、负责安全监理工作资料的收集和整理。 十一、参加编写监理日志。 十二、负责做好安全管理台账以及安全监理工作资料的收集和整理。
6	专业监理岗位职责	800mm×1200m	块	1	内容采用黑体字，图牌设置离地高度1.5m		国家电网 STATE GRID 建设工程项目专业监理工程师岗位职责 一、参与编制监理规划。 二、审查施工单位提交的涉及本专业的报审文件，并向总监理工程师报告。 三、指导、检查监理员工作，定期向总监理工程师报告本专业监理工作实施情况。 四、检查进场的工程材料、构配件、设备的质量。 五、组织质量检查验收。 六、处置发现的质量问题。 七、进行工程计量。 八、参与工程变更的审查和处理。 九、组织编写监理日志。 十、收集、汇总、参与整理本专业监理文件资料。 十一、参加监理初检，参与工程竣工验收。

续表

序号	标识名称	规格型号	单位	数量	材料选用	备注	样板（示例）
7	造价员岗位职责	800mm×1200m	块	1	内容采用黑体字，图牌设置离地高度1.5m		国家电网 STATE GRID 建设工程项目造价员岗位职责 一、负责项目建设过程中的投资控制工作；严格执行国家、行业和企业标准，贯彻落实建设单位有关投资控制的要求。 二、协助总监理工程师处理工程变更，根据规定报上级单位批准。 三、协助总监理工程师审核上报工程进度款支付申请。 四、参加建设单位组织的工程竣工结算审查工作会议，审核施工项目部竣工结算资料。 五、负责收集、整理投资控制的基础资料，并按要求归档。
8	监理员岗位职责	800mm×1200m	块	1	内容采用黑体字，图牌设置离地高度1.5m		国家电网 STATE GRID 建设工程项目监理员岗位职责 一、检查施工单位投入工程的人力、主要设备的使用及运行状况。 二、参加见证取样工作。 三、复核工程计量有关数据。 四、检查工序施工结果。 五、担任旁站监理工作，核查特种作业人员的上岗证。 六、检查、监督工程现场的施工质量、安全状况及措施的落实情况，发现施工作业中的问题，及时指出并向监理工程师报告。 七、做好相关监理记录。 八、熟悉所监理项目的合同条款、规范、设计图纸，在专业监理工程师领导下，有效开展现场监理工作，及时报告施工过程中出现的问题。
9	资料信息员岗位职责	800mm×1200m	块	1	内容采用黑体字，图牌设置离地高度1.5m		国家电网 STATE GRID 建设工程项目信息资料人员岗位职责 一、负责对工程各类文件资料进行收发登记；分类整理，建立资料台账，并做好工程资料的储存保管工作。 二、负责配农网工程管控系统相关资料的录入。 三、负责工程文件资料在监理项目部内的及时流转。 四、负责对工程建设标准文本进行保管和借阅管理。 五、协助总监理工程师对受控文件进行管理，保证监理人员及时得到最新版本。 六、负责工程监理资料的整理和归档工作。

续表

序号	标识名称	规格型号	单位	数量	材料选用	备注	样板（示例）
10	配网工程防触电、防高空坠落、防倒杆“三十条”工作措施	800mm × 1200mm	块	1	内容采用黑体字，图牌设置离地高度1.5m		国家电网 STATE GRID 配网工程防触电、防高坠、防倒杆“三十条”工作措施
11	配网工程安全管理“十八项”禁令	800mm × 1200mm	块	1	内容采用黑体字，图牌设置离地高度1.5m		国家电网 STATE GRID 配网工程安全管理“十八项”禁令 1．严禁转包和违规分包。 2．严禁施工人员无证作业。 3．严禁未经安全培训进场作业。 4．严禁劳务分包人员担任工作负责人或独立作业。 5．严禁无票、无施工方案作业。 6．严禁不交底开展施工。 7．严禁约时停、送电。 8．严禁施工人员操作运行设备。 9．严禁工作负责人（监护人）擅自离岗。 10．严禁擅自扩大工作范围。 11．严禁擅自变更现场安全措施。 12．严禁使用未经检验或不合格安全工器具。 13．严禁不挂接地线施工。 14．严禁不验电挂接地线。 15．严禁不打拉线放、紧线。 16．严禁杆基不牢登杆作业。 17．严禁登高不系安全带。 18．严禁上下抛掷施工材料及工器具。
12	生产现场作业“十不干”	800mm × 1200mm	块	1	内容采用黑体字，图牌设置离地高度1.5m		国家电网 STATE GRID 生产现场作业“十不干” 一、无票的不干； 二、工作任务、危险点不清楚的不干； 三、危险点控制措施未落实的不干； 四、超出作业范围未经审批的不干； 五、未在接地保护范围内的不干； 六、现场安全措施布置不到位、安全工器具不合格的不干； 七、杆塔根部、基础和拉线不牢固的不干； 八、高处作业防坠落措施不完善的不干； 九、有限空间内气体含量未经检测或检测不合格的不干； 十、工作负责人（专责监护人）不在现场的不干。

附录 G 监理项目部管理资料清单

序号	档案盒名称	档案资料类别	模板代码
1	标准规范文件	上级文件、相关规程、管理制度、公司下发文件等	
2	合同相关文件	监理中标通知书及合同	
3	组织机构文件	监理项目部成立文件及人员资质	JSZ1*
		施工项目部成立文件及人员资质报审备案	
4	分包相关文件	分包商资格审查备案	
5	项目管理文件	监理策划文件报审表	JXM3*
		监理规划	JXM4*
		专业细则	JZL1*
		会议纪要	JXM8*
		监理月报	JXM15*
6	监理过程记录	旁站监理记录	JZL3*
		监理检查记录	JXM13*
		监理日志	JXM14*
7	培训相关文件	质量/安全活动记录（纸质手写）及相关影像资料	JXM11*
8	工器具台账	设备配置清单	
9	图纸设计文件	施工图会检纪要	JJS4*
		施工图预检记录	JJS3*
10	专项活动文件	公司开展的配电网工程管理相关活动	
11	其他管理文件	预付款、进度款报审等	
12	项目实施资料	工程开工令	JXM1*
		工程暂停令	JXM9*
		工程复工令	JXM5*
		文件审查记录	JXM2*
		施工单位报审资料	
		设计变更	
		监理工作联系单	JXM6*
		监理通知单	JXM7*
		报验申请单	JZL5*
		监理初检报告	JZL4*